Wissenschaft und Hypothese

Jules Henri Poincaré gilt als einer der bedeutendsten Mathematiker, theoretischen Physiker, theoretischen Astronomen und Philosophen seiner Zeit. Er war ein außergewöhnlicher Wissenschaftler und ein produktiver Schriftsteller. Seine Bücher und Artikel über Mathematik, Physik und Philosophie sind bis heute von großer Bedeutung und beeinflussen weiterhin die Arbeit von Wissenschaftlern auf der ganzen Welt. Poincaré wurde für seine Beiträge zur Wissenschaft mit zahlreichen Preisen und Auszeichnungen geehrt. Er starb am 17. Juli 1912 in Paris, Frankreich. Sein Vermächtnis als Wissenschaftler und Denker wird bis heute geschätzt und bewundert.

Über das Buch:

In "Wissenschaft und Hypothese (frz. La Science et l'Hypothèse)" wird eine tiefgründige Analyse der Wissenschaft und ihrer Beziehung zu Hypothesen vorgenommen. Poincaré bietet einen Überblick über die Erwartungen, die wir von der Mathematik, den Eigenschaften des Raums, den physikalischen Erkenntnissen und der Natur haben können und wie sie miteinander verwoben sind. Das Buch gilt als eine der ersten Publikationen, die eine Verabschiedung von der Vorstellung einer absoluten Zeit im Universum vorschlugen. Poincaré und Albert Einstein veröffentlichten die spezielle Relativitätstheorie erst drei Jahre später. Durch die scharfsinnige und kluge Analyse des Wissenschaftlers wird deutlich, wie wichtig es ist, die Beziehungen zwischen den verschiedenen Wissenschaftsbereichen zu verstehen, um ein tieferes Verständnis für die Welt zu erlangen.

"Wissenschaft und Hypothese" ist ein fesselndes Werk für alle, die an Wissenschaft, Mathematik, Physik und Geometrie interessiert sind und sich für die Entstehung wissenschaftlicher Theorien und Ideen begeistern können. Es ist ein populärer gemeinverständlicher Klassiker, der noch heute einen wichtigen Beitrag zur Entwicklung der modernen Wissenschaft leistet.

Stichworte:
- Raumgeometrie
- Hypothesen
- relative Zeit
- Relativitätstheorie
- Wissenschaftsgeschichte

Henri Poincaré

WISSENSCHAFT UND HYPOTHESE

(La Science et l'Hypothèse, 1902)

Neuübersetzung 2023

ToppBook Wissen Bd. 61

Bibliografische Information der Deutschen Nationalbibliothek:
Die Deutsche Nationalbibliothek verzeichnet diese Publikation in der
Deutschen Nationalbibliografie; detaillierte bibliografische Daten
sind im Internet über dnb.dnb.de abrufbar

Neuübersetzung 2023

Herstellung und Verlag: BoD – Books on Demand, Norderstedt
ISBN: 978-3-7460-1034-2

Inhaltsverzeichnis

EINLEITUNG

Für einen oberflächlichen Beobachter ist die wissenschaftliche Wahrheit außerhalb der Reichweite des Zweifels; die Logik der Wissenschaft ist unfehlbar und wenn sich Wissenschaftler manchmal irren, dann weil sie ihre Regeln missachtet haben.

Mathematische Wahrheiten lassen sich aus einer kleinen Anzahl von Sätzen ableiten, die durch eine Kette einwandfreier Überlegungen offensichtlich sind; sie sind nicht nur für uns, sondern auch für die Natur selbst bindend. Sie legen den Schöpfer sozusagen in Ketten und erlauben ihm nur, zwischen einigen relativ wenigen Lösungen zu wählen. Dann genügen einige wenige Experimente, um uns wissen zu lassen, welche Wahl er getroffen hat. Aus jedem Experiment können durch eine Reihe von mathematischen Ableitungen eine Fülle von Konsequenzen hervorgehen, und so wird uns jedes dieser Experimente eine Ecke des Universums näher bringen.

Das ist für viele Menschen in der Welt, für Gymnasiasten, die die ersten physikalischen Kenntnisse erhalten, der Ursprung der wissenschaftlichen Gewissheit. So verstehen sie die Rolle des Experiments und der Mathematik. So verstanden es auch vor hundert Jahren viele Wissenschaftler, die davon träumten, die Welt zu bauen, indem sie so wenig Material wie möglich aus der Erfahrung entlehnten.

Wenn man etwas mehr nachdachte, sah man, welchen Platz die Hypothese einnimmt; man sah, dass der Mathematiker nicht ohne sie auskommt und der Experimentator auch nicht ohne sie. Und dann fragte man sich, ob all diese Konstruktionen wirklich fest waren, und glaubte, dass ein Windstoß sie umwerfen würde. Auf diese Weise skeptisch zu sein, bedeutet immer noch, oberflächlich zu sein. Alles zu bezweifeln oder alles zu glauben, sind zwei gleichermaßen bequeme Lösungen.

Anstatt ein summarisches Urteil zu fällen, sollten wir daher die Rolle der Hypothese sorgfältig untersuchen; dann werden wir erkennen, dass sie nicht nur notwendig, sondern meistens auch legitim ist. Wir werden auch sehen, dass es verschiedene Arten von Hypothesen gibt, dass die einen überprüfbar sind und, sobald sie durch die Erfahrung bestätigt werden, zu fruchtbaren Wahrheiten werden; dass die anderen, ohne uns in die Irre führen zu können, uns nützlich sein können, indem sie unsere Gedanken fixieren; dass andere schließlich nur dem Anschein nach Hypothesen sind und sich auf Definitionen oder versteckte Konventionen reduzieren.

Diese finden sich vor allem in der Mathematik und in den Wissenschaften, die sich mit ihr beschäftigen. Gerade hieraus beziehen diese Wissenschaften ihre Strenge; diese Konventionen sind das Werk der freien Tätigkeit unseres Geistes, der in diesem Bereich keine Hindernisse anerkennt. Hier kann unser Geist behaupten, weil er dekretiert; aber wir müssen uns klarmachen: Diese Dekrete sind für unsere Wissenschaft verbindlich, die ohne sie unmöglich wäre; sie sind für die Natur nicht verbindlich. Sind diese Dekrete dennoch willkürlich? Nein, sonst wären sie unfruchtbar. Die Erfahrung lässt uns unsere freie Wahl, aber sie leitet sie, indem sie uns hilft, den bequemsten Weg zu erkennen. Unsere Dekrete sind also wie die eines absoluten, aber weisen Prinzen, der seinen Staatsrat konsultiert.

Einige Menschen waren von der freien Vereinbarung, die man in einigen grundlegenden Prinzipien der Wissenschaften erkennt, beeindruckt. Sie wollten übermäßig verallgemeinern und haben dabei vergessen, dass Freiheit nicht Willkür bedeutet. Dies führte zum sogenannten *Nominalismus*, und sie fragten sich, ob der Wissenschaftler nicht von seinen Definitionen getäuscht wird und ob die Welt, die er zu entdecken glaubt, nicht einfach durch seine Willkür erschaffen wurde[1]. Unter diesen Umständen wäre die Wissenschaft zwar sicher, aber ohne Bedeutung.

Wenn das so wäre, wäre die Wissenschaft machtlos. Und doch sehen wir sie jeden Tag vor unseren Augen agieren. Das könnte nicht sein, wenn sie uns nicht etwas von der Realität erkennen ließe; aber was sie erreichen kann, sind nicht die Dinge selbst, wie naive Dogmatiker meinen, sondern nur die Beziehungen zwischen den Dingen; außerhalb dieser Beziehungen gibt es keine erkennbare Realität.

Zu diesem Schluss werden wir kommen, aber dazu müssen wir die Reihe der Wissenschaften von der Arithmetik und der Geometrie bis zur Mechanik und der Experimentalphysik durchlaufen.

Was ist die Natur des mathematischen Denkens? Ist sie wirklich deduktiv, wie man gemeinhin annimmt? Eine gründliche Analyse zeigt uns, dass dies nicht der Fall ist, sondern dass sie in gewissem Maße an der Natur des induktiven Denkens teilhat und dadurch fruchtbar ist. Dennoch behält er seinen Charakter der absoluten Strenge; das war es, was wir zunächst zu zeigen hatten.

Da wir nun eines der Instrumente, die die Mathematik dem Forscher in die Hand gibt, besser kennen, mussten wir einen anderen grundlegenden Begriff analysieren, nämlich den der mathematischen Größe. Finden wir sie in der Natur vor oder führen wir sie in sie ein? Und laufen wir im letzteren Fall nicht Gefahr, alles zu verfälschen? Wenn wir die Rohdaten unserer Sinne mit diesem äußerst komplexen und subtilen Konzept vergleichen, das die Mathematiker als Größe bezeichnen, müssen wir eine Diskrepanz zugeben.

Ein weiterer Rahmen, den wir der Welt auferlegen, ist der Raum. Woher stammen die ersten Grundsätze der Geometrie? Werden sie uns durch die Logik aufgezwungen? Lobatchevsky zeigte das Gegenteil, indem er die nichteuklidischen Geometrien schuf. Wird uns der Raum durch unsere Sinne offenbart? Noch nicht, denn der Raum, den uns unsere Sinne zeigen könnten, unterscheidet sich absolut von dem des Geometers. Lässt sich die Geometrie aus der Erfahrung ableiten? Eine eingehende Diskussion wird uns zeigen, dass dies nicht der Fall ist. Wir werden also zu dem Schluss kommen, dass ihre Prinzipien nur Konventionen sind; aber diese Konventionen sind nicht willkürlich, und in eine andere Welt versetzt (die ich die nicht-euklidische Welt nenne und die ich mir vorzustellen versuche), wären wir dazu veranlasst worden, andere Konventionen anzunehmen.

In der Mechanik würden wir zu ähnlichen Schlussfolgerungen kommen und sehen, dass die Prinzipien dieser Wissenschaft, obwohl sie sich direkter auf die Erfahrung stützen, immer noch von der Konventionalität der geometrischen Postulate geprägt sind. Bis hierhin triumphiert der Nominalismus, aber wir kommen zu den eigentlichen physikalischen Wissenschaften. Hier wechselt die Szene; wir treffen auf eine andere Art von Hypothesen und sehen ihre ganze Fruchtbarkeit. Zweifellos erscheinen uns Theorien auf den ersten Blick zerbrechlich, und die Geschichte der Wissenschaft beweist, dass sie vergänglich sind: Sie sterben jedoch nicht ganz, und von jeder bleibt etwas übrig. Dieses Etwas gilt es zu entwirren, denn nur hier liegt die wahre Realität.

Die Methode der physikalischen Wissenschaften beruht auf der Induktion, die uns erwarten lässt, dass sich ein Phänomen wiederholt, wenn die Umstände, unter denen es erstmals aufgetreten ist, erneut auftreten. Wenn *alle* diese Umstände auf einmal wiederkehren könnten, könnte man dieses Prinzip getrost anwenden: Aber das wird nie geschehen; einige dieser Umstände werden immer fehlen. Sind wir absolut sicher, dass sie unwichtig sind? Natürlich ist das nicht der Fall. Es mag wahrscheinlich sein, aber es kann nicht absolut sicher sein. Daher spielt der Begriff der Wahrscheinlichkeit in den physikalischen Wissenschaften eine große Rolle. Die Wahrscheinlichkeitsrechnung ist also nicht nur ein Zeitvertreib oder eine Anleitung für Baccarat-Spieler, und wir müssen versuchen, ihre Prinzipien zu vertiefen. In dieser Hinsicht konnte ich nur sehr unvollständige Ergebnisse liefern, da der vage Instinkt, der uns die Wahrscheinlichkeit erkennen lässt, der Analyse so sehr widerstrebt.

Nachdem ich die Bedingungen untersucht hatte, unter denen ein Physiker arbeitet, war ich der Meinung, dass man ihn bei der Arbeit zeigen sollte. Zu diesem Zweck habe ich einige Beispiele aus der Geschichte der Optik und der Elektrizität herangezogen. Wir werden sehen, woher die Ideen von Fresnel und Maxwell kamen und welche unbewussten Annahmen Ampère und die anderen Begründer der Elektrodynamik machten.

ERSTER TEIL

DIE ZAHL UND DIE GRÖSSE

KAPITEL I

ÜBER DIE NATUR DER MATHEMATISCHEN WISSENSCHAFT

I

Die Möglichkeit der mathematischen Wissenschaft selbst scheint ein unlösbarer Widerspruch zu sein. Wenn diese Wissenschaft nur scheinbar deduktiv ist, woher kommt dann ihre vollkommene Strenge, die niemand in Frage zu stellen gedenkt? Wenn hingegen alle Sätze, die sie aufstellt, durch die Regeln der formalen Logik aus einander abgeleitet werden können, wie kann die Mathematik dann nicht auf eine riesige Tautologie reduziert werden? Der Syllogismus kann uns nichts wesentlich Neues lehren, und wenn alles aus dem Identitätsprinzip hervorgehen sollte, müsste sich auch alles auf dieses Prinzip zurückführen lassen. Wird man also zugeben, dass die Aussagen all dieser Theoreme, die so viele Bände füllen, nichts anderes als umständliche Wege sind, um zu sagen, dass A A ist?

Ohne Zweifel kann man auf die Axiome zurückgehen, die die Quelle aller Argumentationen sind. Wenn man der Meinung ist, dass man sie nicht auf das Prinzip des Widerspruchs reduzieren kann, und wenn man in ihnen auch keine experimentellen Tatsachen sehen will, die nicht an der mathematischen Notwendigkeit teilhaben könnten, hat man noch die Möglichkeit, sie unter den synthetischen Urteilen *a priori zu* klassifizieren. Das bedeutet nicht, die Schwierigkeit zu lösen, sondern sie nur zu taufen; und selbst wenn die Natur der synthetischen Urteile für uns kein Geheimnis mehr wäre, hätte sich der Widerspruch nicht in Luft aufgelöst, sondern wäre nur zurückgetreten; die syllogistische Argumentation bleibt unfähig, den Daten, die man ihr liefert, etwas hinzuzufügen; diese Daten reduzieren sich auf einige Axiome und man sollte in den Schlussfolgerungen nichts anderes wiederfinden.

Kein Theorem sollte neu sein, wenn nicht ein neues Axiom in seinen Beweis eingreift; die Argumentation könnte uns nur die unmittelbar offensichtlichen Wahrheiten liefern, die der direkten Intuition entlehnt sind; sie wäre nur noch ein parasitärer Vermittler und von da an müsste man sich nicht fragen, ob der gesamte syllogistische Apparat nicht nur dazu dient, unsere Entlehnung zu verbergen? Der Widerspruch wird uns noch mehr auffallen, wenn wir ein beliebiges Buch über Mathematik aufschlagen; auf jeder Seite wird der Autor die Absicht verkünden, einen bereits bekannten Satz zu verallgemeinern. Geht die mathematische Methode also vom Besonderen zum Allgemeinen vor und wie kann man sie dann deduktiv nennen?

Wenn schließlich die Wissenschaft von der Zahl rein analytisch wäre oder analytisch aus einer kleinen Anzahl synthetischer Urteile hervorgehen könnte, so scheint es, dass ein ziemlich mächtiger Geist mit einem einzigen Blick alle ihre Wahrheiten erblicken könnte; was sage ich! man könnte sogar hoffen, dass eines Tages eine Sprache erfunden wird, um sie auszudrücken, die einfach genug ist, dass sie auf diese Weise sofort einem gewöhnlichen Verstand auffallen.

Wenn man sich weigert, diese Konsequenzen anzuerkennen, muss man zugeben, dass die mathematische Argumentation von sich aus eine Art schöpferische Tugend hat und sich folglich vom Syllogismus unterscheidet.

Der Unterschied muss sogar tiefgreifend sein. Wir werden zum Beispiel nicht den Schlüssel zum Geheimnis in der häufigen Verwendung der Regel finden, dass eine einheitliche Operation, die auf zwei gleiche Zahlen angewendet wird, zu identischen Ergebnissen führt.

Alle diese Argumentationsweisen, ob sie nun auf den eigentlichen Syllogismus reduziert werden können oder nicht, behalten den analytischen Charakter und sind daher machtlos.

II

Die Debatte ist alt; bereits Leibnitz versuchte zu beweisen, dass 2 und 2 4 ergibt; lassen Sie uns seinen Beweis ein wenig untersuchen.

Ich gehe davon aus, dass wir die Zahl 1 und die Operation $x + 1$ definiert haben, bei der die Einheit zu einer gegebenen Zahl x addiert wird.

Diese Definitionen, wie auch immer sie aussehen mögen, werden im weiteren Verlauf der Argumentation keine Rolle spielen.

Dann definiere ich die Zahlen 2, 3 und 4 durch die Gleichungen :

(1) $1 + 1 = 2$;

(2) $2 + 1 = 3$;

(3) $3 + 1 = 4$.

Ebenso definiere ich die Operation $x + 2$ durch die Beziehung :

(4) $x + 2 = (x + 1) + 1$.

Das heißt, wir haben :

$2 + 2 = (2 + 1) + 1$ (Definition 4)

$(2 + 1) + 1 = 3 + 1$ (Definition 2)

$3 + 1 = 4$ (Definition 3)

d.h.

$2 + 2 = 4$ CQFD

Es lässt sich nicht leugnen, dass diese Argumentation rein analytisch ist. Aber fragen Sie einen Mathematiker: "Das ist keine Demonstration im eigentlichen Sinne", wird er Ihnen antworten, "das ist eine Überprüfung". Man hat sich darauf beschränkt, zwei rein konventionelle Definitionen aneinander anzunähern, und man hat ihre Identität festgestellt, man hat nichts Neues gelernt. Die *Verifikation* unterscheidet sich gerade von der echten Demonstration, weil sie rein analytisch ist und weil sie steril ist. Sie ist unfruchtbar, weil die Schlussfolgerung nur die Übersetzung der Prämissen in eine andere Sprache ist. Die echte Beweisführung ist dagegen fruchtbar, weil die Schlussfolgerung in einem gewissen Sinne allgemeiner ist als die Prämissen.

Die Gleichung $2 + 2 = 4$ wurde nur deshalb überprüft, weil sie eine besondere Aussage ist. Jede besondere Aussage in der Mathematik kann immer auf diese Weise überprüft werden. Wenn die Mathematik jedoch auf eine Reihe solcher Überprüfungen reduziert werden müsste, wäre sie keine Wissenschaft. Ein Schachspieler zum Beispiel erschafft keine Wissenschaft, indem er eine Partie gewinnt. Es gibt nur eine Wissenschaft des Allgemeinen.

Man könnte sogar sagen, dass die exakten Wissenschaften gerade darauf abzielen, uns von diesen direkten Überprüfungen zu befreien.

III

Sehen wir uns also den Geometer bei der Arbeit an und versuchen wir, seine Vorgehensweise zu überraschen.

Die Aufgabe ist nicht ohne Schwierigkeiten; es reicht nicht aus, wahllos ein Buch aufzuschlagen und darin irgendeine Demonstration zu analysieren.

Wir müssen zunächst die Geometrie ausschließen, wo die Frage mit schwierigen Problemen bezüglich der Rolle der Postulate, der Natur und dem Ursprung des Raumbegriffs kompliziert ist. Aus ähnlichen Gründen können wir uns nicht an die Infinitesimalanalyse wenden. Wir müssen das mathematische Denken dort suchen, wo es rein geblieben ist, nämlich in der Arithmetik.

In den höheren Teilen der Zahlentheorie sind die primitiven mathematischen Begriffe bereits so weit ausgearbeitet, dass es schwierig wird, sie zu analysieren.

Es ist also am Anfang der Arithmetik, dass wir erwarten sollten, die Erklärung zu finden, die wir suchen, aber es passiert gerade, dass die Autoren der klassischen Abhandlungen beim Beweis der elementarsten Theoreme die geringste Genauigkeit und Strenge entfaltet haben. Anfänger werden nicht auf die wahre mathematische Strenge vorbereitet; sie würden darin nur eitle und ermüdende Feinheiten sehen; es wäre Zeitverschwendung, sie zu früh anspruchsvoller machen zu wollen; sie müssen den Weg, den die Begründer der Wissenschaft langsam zurückgelegt haben, schnell, aber ohne Etappen zu verbrennen, wiederholen.

Warum ist eine so lange Vorbereitung nötig, um sich an diese perfekte Strenge zu gewöhnen, die, wie es scheint, allen guten Geistern von Natur aus zu eigen sein sollte? Dies ist ein logisches und psychologisches Problem, das es wert ist, darüber nachzudenken.

Aber wir werden uns nicht damit aufhalten; es ist unserem Gegenstand fremd; alles, was ich festhalten möchte, ist, dass wir, um nicht unser Ziel zu verfehlen, die Demonstrationen der elementarsten Theoreme wiederholen müssen und ihnen nicht die grobe Form geben müssen, die man ihnen lässt, um Anfänger nicht zu ermüden, sondern die, die einen geübten Geometer zufriedenstellen kann.

DEFINITION VON ADDITION

Ich gehe davon aus, dass wir zuvor die Operation $x + 1$ definiert haben, bei der die Zahl 1 zu einer gegebenen Zahl x addiert wird.

Diese Definition, wie immer sie auch lauten mag, wird im weiteren Verlauf der Argumentation keine Rolle mehr spielen.

Nun geht es darum, die Operation $x + a$ zu definieren, bei der die Zahl a zu einer gegebenen Zahl x addiert wird.

Angenommen, wir haben die Operation :

$x + (a - 1)$,

wird die Operation $x + a$ durch die Gleichheit definiert:

(1) $x + a = [x + (a - 1)] + 1$.

Wir werden also wissen, was $x + a$ ist, wenn wir wissen, was $x + (a - 1)$ ist, und da ich am Anfang angenommen habe, dass man weiß, was $x + 1$ ist, können wir nacheinander und "durch Rekursion" die Operationen $x + 2$, $x + 3$ usw. definieren.

Diese Definition verdient einen Moment der Aufmerksamkeit, sie ist von einer besonderen Art, die sie bereits von einer rein logischen Definition unterscheidet; die Gleichheit (1) enthält nämlich unendlich viele verschiedene Definitionen, von denen jede nur dann einen Sinn ergibt, wenn man die vorangehende kennt.

EIGENSCHAFTEN DER ADDITION.

Assoziativität. - Ich sage, dass

$a + (b + c) = (a + b) + c$.

Tatsächlich ist das Theorem für $c = 1$ wahr; es lautet dann

$a + (b + 1) = (a + b) + 1$

was, abgesehen von den unterschiedlichen Schreibweisen, nichts anderes ist als die Gleichheit (1), mit der ich gerade die Addition definiert habe.

Angenommen, das Theorem ist für $c = \gamma$ wahr, dann sage ich, dass es für $c = \gamma + 1$ wahr sein wird, d. h. in der Tat

$(a + b) + \gamma = a + (b + \gamma)$,

wird sukzessive abgeleitet:

$[(a + b) + \gamma] + 1 = [a + (b + \gamma)] + 1$,

oder gemäß Definition (1)

$$(a + b) + (\gamma + 1) = a + (b + \gamma + 1) = a + [b + (\gamma + 1)],$$

was durch eine Reihe von rein analytischen Ableitungen zeigt, dass das Theorem für $\gamma + 1$ wahr ist.

Da es für $c = 1$ gilt, würde es nacheinander für $c = 2$, für $c = 3$ usw. gelten.

Kommutativität. - 1° Ich sage, dass :

$$a + 1 = 1 + a.$$

Der Satz ist offensichtlich für $a = 1$ wahr, man könnte durch rein analytische Überlegungen *überprüfen*, dass, wenn er für $a = \gamma$ wahr ist, er auch für $a = \gamma + 1$ wahr sein wird; er ist es aber für $a = 1$, also wird er es auch für $a = 2$, für $a = 3$ usw. sein; dies drückt man aus, indem man sagt, dass der aufgestellte Satz durch Rekursion bewiesen wird.

2° Ich sage, dass :

$$a + b = b + a.$$

Das Theorem wurde gerade für $b = 1$ bewiesen, wir können analytisch überprüfen, dass, wenn es für $b = \beta$ wahr ist, es auch für $b = \beta + 1$ wahr sein wird.

Der Vorschlag wird also durch Rekursion aufgestellt.

DEFINITION VON MULTIPLIKATION.

Wir definieren die Multiplikation durch die Gleichungen :

(1) $a * 1 = a$

(2) $a * b = [a * (b-1)] + a.$

Die Gleichung (2) enthält wie die Gleichung (1) unendlich viele Definitionen; nachdem sie $a * 1$ definiert hat, erlaubt sie es, nacheinander $a * 2$, $a * 3$ usw. zu definieren.

EIGENSCHAFTEN DER MULTIPLIKATION.

Distributivität. - Ich sage, dass

$$(a + b) * c = (a * c) + (b * c).$$

Analytisch wird überprüft, dass die Gleichheit für $c = 1$ wahr ist; dann, dass wenn das Theorem für $c = \gamma$ wahr ist, es auch für $c = \gamma + 1$ wahr sein wird.

Der Satz wird wieder durch Rekursion bewiesen.

Kommutativität. - 1°Ich sage, dass :

$$a * 1 = 1 * a$$

Das Theorem ist für $a = 1$ offensichtlich.

Wir überprüfen analytisch, dass, wenn es für $a = \alpha$ wahr ist, es auch für $a = \alpha + 1$ wahr sein wird.

2°Ich sage, dass :

$$a * b = b * a.$$

Das Theorem wurde gerade für $b = 1$ bewiesen. Man würde analytisch überprüfen, dass, wenn es für $b = \beta$ wahr ist, es auch für $b = \beta + 1$ wahr sein wird.

IV

Ich beende hier diese monotone Reihe von Überlegungen. Aber gerade diese Monotonie hat das Verfahren, das einheitlich ist und das man auf Schritt und Tritt wiederfindet, besser hervorgehoben.

Dieses Verfahren ist der Beweis durch Rekursion. Zunächst wird ein Theorem für $n = 1$ aufgestellt; dann wird gezeigt, dass, wenn es für $n - 1$ gilt, es auch für *n gilt,* und es wird geschlussfolgert, dass es für alle ganzen Zahlen gilt.

Wir haben gerade gesehen, wie man sie benutzen kann, um die Regeln der Addition und Multiplikation, also die Regeln der algebraischen Berechnung, zu beweisen; diese Berechnung ist ein Instrument der Transformation, das sich für viel mehr verschiedene Kombinationen eignet als der einfache Syllogismus; aber sie ist immer noch ein rein analytisches Instrument und nicht in der Lage, uns etwas Neues zu lehren. Wenn die Mathematik kein anderes hätte, würde sie also sofort in ihrer Entwicklung stehen bleiben; aber sie greift wieder auf das gleiche Verfahren zurück, nämlich auf die Argumentation durch Rekursion, und sie kann ihren Weg fortsetzen.

Auf Schritt und Tritt, wenn man genau hinschaut, findet man diese Argumentationsweise, entweder in der einfachen Form, die wir gerade beschrieben haben, oder in einer mehr oder weniger abgewandelten Form.

Dies ist also die mathematische Argumentation schlechthin und wir müssen sie uns genauer ansehen.

V

Das wesentliche Merkmal des Rekursionsschlusses ist, dass er unendlich viele Syllogismen enthält, die sozusagen in einer einzigen Formel zusammengefasst sind.

Damit man sich das besser vorstellen kann, werde ich diese Syllogismen, die, wenn man es so ausdrücken will, kaskadenartig angeordnet sind, einen nach dem anderen aufzählen.

Dies sind natürlich hypothetische Syllogismen.

Das Theorem ist wahr für die Zahl 1.

Wenn es aber für 1 wahr ist, ist es auch für 2 wahr.

Also ist es wahr von 2.

Wenn es aber für 2 gilt, gilt es auch für 3.

Also ist es wahr von 3 und so weiter.

Wir sehen, dass die Schlussfolgerung jedes Syllogismus als Minor des nächsten dient.

Außerdem können die Majors aller unserer Syllogismen auf eine einzige Formel zurückgeführt werden.

Wenn das Theorem von $n - 1$ wahr ist, ist es auch von n wahr.

Man sieht also, dass man sich in den Rekursionsbegründungen darauf beschränkt, das Moll des ersten Syllogismus und die allgemeine Formel, die als Sonderfälle alle Molls enthält, zu nennen.

Diese Folge von Syllogismen, die nie enden würde, wird so auf einen Satz von wenigen Zeilen reduziert.

Es ist nun leicht zu verstehen, warum jede besondere Konsequenz eines Theorems, wie ich oben erklärt habe, durch rein analytische Verfahren überprüft werden kann.

Wenn wir statt zu zeigen, dass unser Theorem für alle Zahlen gilt, nur zeigen wollen, dass es zum Beispiel für die Zahl 6 gilt, reicht es aus, die ersten fünf Syllogismen unserer Kaskade aufzustellen; wir bräuchten neun, wenn wir das Theorem für die Zahl 10 beweisen wollten; wir bräuchten noch mehr für eine größere Zahl; aber egal wie groß diese Zahl ist, wir würden sie am Ende immer erreichen und die analytische Überprüfung wäre möglich.

Und dennoch, wie weit wir auch immer gehen mögen, wir würden niemals bis zu dem allgemeinen, auf alle Zahlen anwendbaren Theorem aufsteigen, das allein Gegenstand der Wissenschaft sein kann. Um dorthin zu gelangen, bräuchte man unendlich viele Syllogismen, man müsste einen Abgrund überqueren, den die Geduld des Analytikers, der auf die einzigen Mittel der formalen Logik reduziert ist, niemals überbrücken kann.

Ich fragte anfangs, warum man sich keinen Geist vorstellen kann, der mächtig genug ist, um alle mathematischen Wahrheiten auf einen Blick zu erblicken.

Die Antwort ist jetzt leicht; ein Schachspieler kann vier Züge, fünf Züge im Voraus planen, aber so außergewöhnlich es auch sein mag, er wird immer nur eine endliche Anzahl von Zügen planen; wenn er seine Fähigkeiten auf die Arithmetik anwendet, wird er die allgemeinen Wahrheiten nicht durch eine einzige direkte Intuition erkennen können; um zum kleinsten Theorem zu gelangen, wird er sich nicht von der Hilfe des Rekursionsdenkens befreien können, weil es ein Instrument ist, das es ermöglicht, vom Endlichen zum Unendlichen zu gelangen.

Dieses Instrument ist immer nützlich, denn es lässt uns so viele Schritte überspringen, wie wir wollen, und befreit uns von langen, langweiligen und eintönigen Überprüfungen, die schnell unpraktisch werden würden. Aber es wird unentbehrlich, sobald man das allgemeine Theorem anstrebt, dessen analytische Überprüfung uns immer näher bringen würde, ohne es zu erreichen.

In diesem Bereich der Arithmetik mag man sich weit entfernt von der Infinitesimalanalyse wähnen, und doch spielt, wie wir gerade gesehen haben, die Idee der mathematischen Unendlichkeit bereits eine herausragende Rolle, und ohne sie gäbe es keine Wissenschaft, weil es nichts Allgemeines gäbe.

VI

Das Urteil, das dem Rekursionsschluss zugrunde liegt, kann auch in andere Formen gebracht werden; man kann zum Beispiel sagen, dass es in einer unendlichen Sammlung verschiedener ganzer Zahlen immer eine gibt, die kleiner ist als alle anderen.

Man kann leicht von einer Aussage zur nächsten springen und sich so die Illusion verschaffen, man habe die Legitimität des Rekursionsschlusses bewiesen. Aber man wird immer stehen bleiben, man wird immer zu einem unbeweisbaren Axiom gelangen, das im Grunde nichts anderes ist als der zu beweisende Satz, der in eine andere Sprache übersetzt wurde.

Man kann sich also nicht der Schlussfolgerung entziehen, dass die Regel des rekursiven Denkens nicht auf das Widerspruchsprinzip reduzierbar ist.

Diese Regel kann uns auch nicht aus der Erfahrung kommen; was uns die Erfahrung lehren könnte, ist, dass die Regel für die ersten zehn, für die ersten hundert Zahlen zum Beispiel wahr ist, sie kann nicht die unbestimmte Folge von Zahlen erreichen, sondern nur einen mehr oder weniger langen, aber immer begrenzten Teil dieser Folge.

Wenn es aber nur darum ginge, würde das Prinzip des Widerspruchs genügen, es würde uns immer erlauben, so viele Syllogismen zu entwickeln, wie wir wollen; nur wenn es darum geht, eine Unendlichkeit von ihnen in eine einzige Formel einzuschließen, nur vor dem Unendlichen versagt dieses Prinzip, auch hier wird die Erfahrung machtlos. Diese Regel, die der analytischen Beweisführung und der Erfahrung unzugänglich ist, ist der wahre Typus des synthetischen Urteils *a priori*. Außerdem kann man nicht daran denken, sie als Konvention zu betrachten, wie es bei einigen Postulaten der Geometrie der Fall ist.

Warum also drängt sich uns dieses Urteil mit einer unwiderstehlichen Evidenz auf? Weil es nur die Bestätigung der Macht des Geistes ist, der weiß, dass er in der Lage ist, sich die unbestimmte Wiederholung ein und derselben Handlung vorzustellen, sobald diese Handlung einmal möglich ist. Der Geist hat eine direkte Intuition von dieser Macht, und die Erfahrung kann für ihn nur eine Gelegenheit sein, sich ihrer zu bedienen und sich ihrer dadurch bewusst zu werden.

Aber, so wird man sagen, wenn die rohe Erfahrung die Argumentation durch Rekursion nicht legitimieren kann, wie verhält es sich dann mit der Erfahrung, die durch Induktion unterstützt wird? Wir sehen nacheinander, dass ein Theorem für die Zahl 1, die Zahl 2, die Zahl 3 und so weiter gilt, das Gesetz ist offensichtlich, sagen wir, und zwar genauso wie jedes physikalische Gesetz, das auf Beobachtungen beruht, deren Zahl sehr groß, aber begrenzt ist.

Es ist nicht zu übersehen, dass es hier eine auffällige Analogie zu den üblichen Verfahren der Induktion gibt. Ein wesentlicher Unterschied bleibt jedoch bestehen. Die Induktion in den physikalischen Wissenschaften ist immer unsicher, weil sie auf dem Glauben an eine allgemeine Ordnung des Universums beruht, die außerhalb unserer Kontrolle liegt. Die mathematische Induktion, d. h. der Beweis durch Rekursion, ist dagegen notwendigerweise notwendig, weil sie nichts anderes ist als die Behauptung einer Eigenschaft des Geistes selbst.

VII

Mathematiker sind, wie ich bereits sagte, immer bestrebt, die Aussagen, die sie erhalten haben, zu *verallgemeinern,* und um kein weiteres Beispiel zu suchen, haben wir vorhin die Gleichheit :

$a + 1 = 1 + a$

und wir haben sie später benutzt, um Gleichheit herzustellen:

$a + b = b + a$

die offensichtlich allgemeiner ist.

Die Mathematik kann also wie andere Wissenschaften auch vom Besonderen zum Allgemeinen vorgehen.

Dies ist eine Tatsache, die uns zu Beginn dieser Studie unverständlich erschienen wäre, die aber für uns nichts Geheimnisvolles mehr hat, seit wir die Analogien des Rekursionsbeweises mit der gewöhnlichen Induktion festgestellt haben.

Zweifellos beruhen die rekursive mathematische Argumentation und die induktive physikalische Argumentation auf unterschiedlichen Grundlagen, aber ihr Gang ist parallel, sie bewegen sich in die gleiche Richtung, nämlich vom Besonderen zum Allgemeinen.

Betrachten wir die Sache etwas genauer.

Um die Gleichheit zu beweisen :

(1) $a + 2 = 2 + a$

brauchen wir nur die Regel zweimal anzuwenden

$a + 1 = 1 + a,$

und zu schreiben

(2) $a + 2 = a + 1 + 1 = 1 + a + 1 = 1 + 1 + a = 2 + a.$

Die Gleichheit (2), die auf diese Weise rein analytisch aus der Gleichheit (1) abgeleitet wird, ist jedoch nicht einfach ein Spezialfall davon: Sie ist etwas anderes.

Man kann also nicht einmal sagen, dass im wirklich analytischen und deduktiven Teil der mathematischen Argumentation vom Allgemeinen zum Besonderen im gewöhnlichen Sinne des Wortes vorgegangen wird.

Die beiden Glieder der Gleichheit (2) sind einfach kompliziertere Kombinationen als die beiden Glieder der Gleichheit (1) und die Analyse dient nur dazu, die Elemente, die in diese Kombinationen eingehen, zu trennen und ihre Beziehungen zu untersuchen.

Die Mathematiker gehen also "konstruktiv" vor, sie konstruieren immer kompliziertere Kombinationen. Durch die Analyse dieser Kombinationen, sozusagen dieser Mengen, kehren sie zu ihren ursprünglichen Elementen zurück, erkennen die Beziehungen dieser Elemente und leiten daraus die Beziehungen der Mengen selbst ab.

Dies ist ein rein analytischer Schritt, aber es ist dennoch kein Schritt vom Allgemeinen zum Besonderen, denn Mengen können natürlich nicht als spezieller angesehen werden als ihre Elemente.

Man hat diesem Verfahren der "Konstruktion" zu Recht eine große Bedeutung beigemessen und wollte darin die notwendige und hinreichende Bedingung für den Fortschritt der exakten Wissenschaften sehen.

Notwendig, zweifellos, aber ausreichend, nein. Damit ein Bauwerk nützlich sein kann, damit es den Geist nicht vergeblich anstrengt, damit es als Trittbrett für denjenigen dienen kann, der höher hinaus will, muss es zunächst eine Art Einheit besitzen, die es erlaubt, mehr darin zu sehen als die Aneinanderreihung seiner Elemente.

Oder genauer gesagt: Man muss einen gewissen Vorteil darin sehen, die Konstruktion und nicht ihre Elemente selbst zu betrachten.

Was könnte dieser Vorteil sein?

Warum argumentieren Sie z. B. mit einem Polygon, das immer in Dreiecke zerlegbar ist, und nicht mit elementaren Dreiecken?

Es ist so, dass es Eigenschaften gibt, die man für Polygone mit einer beliebigen Anzahl von Seiten beweisen kann und die man dann sofort auf ein beliebiges bestimmtes Polygon anwenden kann.

Meistens kann man sie jedoch nur mit größter Mühe finden, wenn man die Verhältnisse der elementaren Dreiecke direkt untersucht. Die Kenntnis des allgemeinen Satzes erspart uns diese Anstrengungen.

Eine Konstruktion wird also erst dann interessant, wenn man sie neben anderen ähnlichen Konstruktionen einordnen kann, die die Arten der gleichen Gattung bilden.

Wenn das Viereck etwas anderes ist als die Aneinanderreihung von zwei Dreiecken, dann gehört es zur Gattung Polygon.

Die Eigenschaften der Gattung müssen jedoch nachgewiesen werden können, ohne dass man gezwungen ist, sie nacheinander für jede einzelne Art aufzustellen.

Um dies zu erreichen, muss man zwangsläufig vom Besonderen zum Allgemeinen zurückgehen und eine oder mehrere Stufen hinaufsteigen.

Das "konstruktionsanalytische" Verfahren zwingt uns nicht, von dort hinabzusteigen, sondern lässt uns auf der gleichen Ebene.

Wir können nur durch die mathematische Induktion aufsteigen, die allein uns etwas Neues lehren kann. Ohne die Hilfe dieser Induktion, die sich in mancher Hinsicht von der physikalischen Induktion unterscheidet, aber ebenso fruchtbar ist wie diese, wäre die Konstruktion machtlos, um Wissenschaft zu schaffen.

Beachten wir abschließend, dass diese Induktion nur möglich ist, wenn ein und derselbe Vorgang unendlich oft wiederholt werden kann. Aus diesem Grund kann die Theorie des Schachspiels niemals eine Wissenschaft werden, da die verschiedenen Züge einer Partie sich nicht ähneln.

KAPITEL II

MATHEMATISCHE GRÖSSE UND ERFAHRUNG.

Wenn man wissen will, was die Mathematiker unter einem Kontinuum verstehen, sollte man nicht die Geometrie fragen. Der Geometer versucht immer mehr oder weniger, sich die Figuren, die er studiert, vorzustellen, aber seine Vorstellungen sind für ihn nur Instrumente; er macht Geometrie mit Ausdehnung, wie er sie mit Kreide macht; daher muss man sich davor hüten, zu viel Bedeutung auf Zufälle zu legen, die oft nicht mehr Bedeutung haben als die Weiße der Kreide.

Der reine Analytiker braucht diese Klippe nicht zu fürchten. Er hat die mathematische Wissenschaft von allen fremden Elementen befreit und kann unsere Frage beantworten. Was ist eigentlich das Kontinuum, über das die Mathematiker räsonieren? Viele von ihnen, die über ihre Kunst nachdenken können, haben dies bereits getan; M. Tannery zum Beispiel in seiner *Introduction à la théorie des Fonctions d'une variable (Einführung in die Theorie der Funktionen einer Variablen)*.

Beginnen wir mit der Skala der ganzen Zahlen; zwischen zwei aufeinanderfolgenden Stufen schieben wir eine oder mehrere Zwischenstufen ein, zwischen diesen neuen Stufen wieder andere und so weiter und so fort auf unbestimmte Zeit. Auf diese Weise erhalten wir eine unbegrenzte Anzahl von Termen, die wir als Bruchzahlen, rationale oder kommensurable Zahlen bezeichnen. Aber das ist noch nicht genug: Zwischen diesen Termen, die bereits unendlich viele sind, müssen wir noch weitere einfügen, die wir irrational oder inkommensurabel nennen.

Bevor wir weitergehen, machen wir eine erste Bemerkung. Das so verstandene Kontinuum ist nichts anderes als eine Sammlung von Individuen, die in einer bestimmten Reihenfolge angeordnet sind, zwar in unendlicher Zahl, aber *außerhalb* voneinander. Dies ist nicht die gewöhnliche Auffassung, bei der man zwischen den Elementen des Kontinuums eine Art intimen Ort annimmt, der sie zu einem Ganzen macht, wo der Punkt nicht vor der Linie existiert, sondern die Linie vor dem Punkt. Aus der berühmten Formel, das Kontinuierliche sei die Einheit in der Vielheit, die Vielheit allein bleibe bestehen, die Einheit sei verschwunden. Die Analytiker haben nicht weniger Recht, ihr Kontinuum so zu definieren, wie sie es tun, denn es ist immer das Kontinuum, mit dem sie argumentieren, seit sie sich auf Strenge berufen. Aber das ist genug, um uns zu warnen, dass das wahre mathematische Kontinuum etwas ganz anderes ist als das der Physiker und das der Metaphysiker.

Man könnte auch sagen, dass Mathematiker, die sich mit dieser Definition begnügen, Wortklauberei betreiben, dass man genau sagen müsste, was jede dieser Zwischenstufen ist, dass man erklären müsste, wie man sie einfügen muss und dass es möglich ist, dies zu tun. Die einzige Eigenschaft dieser Stufen, die in ihren Überlegungen eine Rolle spielt[2], ist die, dass sie sich vor oder nach anderen Stufen befinden, und daher muss sie auch in der Definition eine Rolle spielen.

So muss man sich keine Gedanken darüber machen, wie man die Zwischenterme einfügen soll; andererseits wird niemand daran zweifeln, dass dies möglich ist, es sei denn, man vergisst, dass dieses letzte Wort in der Sprache der Geometer einfach widerspruchsfrei bedeutet.

Unsere Definition ist jedoch noch nicht vollständig, und ich werde nach diesem zu langen Exkurs darauf zurückkommen.

DEFINITION VON INKOMMENSURABLEN.

Die Mathematiker der Berliner Schule, insbesondere Herr Kronecker, waren damit beschäftigt, diese kontinuierliche Skala der gebrochenen und irrationalen Zahlen zu konstruieren, ohne sich dabei eines anderen Materials als der ganzen Zahl zu bedienen. Das mathematische Kontinuum wäre in dieser Betrachtungsweise eine reine Schöpfung des Geistes, an der die Erfahrung keinen Anteil hat.

Da ihnen der Begriff der rationalen Zahl keine Schwierigkeiten zu bereiten schien, haben sie sich vor allem darum bemüht, die inkommensurable Zahl zu definieren. Bevor ich ihre Definition hier wiedergebe, muss ich jedoch eine Bemerkung machen, um der Verwunderung vorzubeugen, die sie bei Lesern, die mit den Gewohnheiten der Geometer nicht vertraut sind, unweigerlich hervorrufen würde.

Mathematiker untersuchen nicht Objekte, sondern Beziehungen zwischen Objekten; daher ist es ihnen gleichgültig, ob sie diese Objekte durch andere ersetzen, solange sich die Beziehungen nicht ändern. Die Materie ist ihnen egal, nur die Form interessiert sie.

Wenn man sich nicht daran erinnern würde, würde man nicht verstehen, dass Herr Dedekind mit dem Namen *Inkommensurable Zahl* ein einfaches Symbol bezeichnet, d. h. etwas, das sich sehr von der Vorstellung unterscheidet, die man sich von einer Menge zu machen glaubt, die messbar und fast greifbar sein muss.

Die Definition von Herrn Dedekind lautet nun wie folgt:

Man kann die kommensurablen Zahlen auf unendlich viele Arten in zwei Klassen einteilen, wobei die Bedingung gilt, dass eine beliebige Zahl aus der ersten Klasse größer sein muss als eine beliebige Zahl aus der zweiten Klasse.

Es kann vorkommen, dass es unter den Zahlen der ersten Klasse eine gibt, die kleiner als alle anderen ist; wenn man zum Beispiel alle Zahlen, die größer als 2 und 2 selbst sind, in die erste Klasse einordnet und alle Zahlen, die kleiner als 2 sind, in die zweite Klasse, dann ist es klar, dass 2 die kleinste aller Zahlen der ersten Klasse ist. Die Zahl 2 kann als Symbol für diese Einteilung gewählt werden.

Das ist zum Beispiel der Fall, wenn die erste Klasse alle Zahlen größer als 2 umfasst und die zweite Klasse alle Zahlen kleiner als 2 und 2 selbst. Auch hier kann die Zahl 2 als Symbol für diese Aufteilung gewählt werden.

Es kann aber auch vorkommen, dass man weder in der ersten Klasse eine Zahl finden kann, die kleiner als alle anderen ist, noch in der zweiten Klasse eine Zahl, die größer als alle anderen ist. Nehmen wir zum Beispiel an, dass wir alle kommensurablen Zahlen, deren Quadrat größer als 2 ist, in die erste Klasse einordnen und alle Zahlen, deren Quadrat kleiner als 2 ist, in die zweite Klasse einordnen. Wir wissen, dass es keine gibt, deren Quadrat genau gleich 2 ist. Es wird offensichtlich keine Zahl in der ersten Klasse geben, die kleiner als alle anderen ist, denn egal wie nahe das Quadrat einer Zahl bei 2 liegt, man wird immer eine kommensurable Zahl finden können, deren Quadrat noch näher als 2 liegt.

In der Betrachtungsweise von Herrn Dedekind ist die inkommensurable Zahl :

$\sqrt{2}$

ist nichts anderes als das Symbol für diese besondere Art der Verteilung der kommensurablen Zahlen; und so entspricht jeder Verteilungsart eine kommensurable oder nicht-kommensurable Zahl, die ihr als Symbol dient.

Sich damit zufrieden zu geben, hieße jedoch, den Ursprung dieser Symbole zu sehr zu vergessen; es bleibt zu erklären, wie man dazu gebracht wurde, ihnen eine Art konkrete Existenz zuzuschreiben, und andererseits, beginnt die Schwierigkeit nicht bei den Bruchzahlen selbst? Hätten wir einen Begriff von diesen Zahlen, wenn wir nicht von vornherein eine Materie kennen würden, die wir als unendlich teilbar, d. h. als ein Kontinuierliches begreifen?

DAS PHYSISCHE KONTINUUM

Dies wirft die Frage auf, ob der Begriff des mathematischen Kontinuums nicht einfach aus der Erfahrung abgeleitet wurde. Wenn dem so wäre, dann wären die Rohdaten der Erfahrung, nämlich unsere Empfindungen, messbar. Man könnte versucht sein zu glauben, dass dies der Fall ist, da man sich in letzter Zeit bemüht hat, sie zu messen, und sogar ein Gesetz formuliert hat, das als Fechners Gesetz bekannt ist.

Wenn man jedoch die Experimente, mit denen man versucht hat, dieses Gesetz zu etablieren, genauer betrachtet, wird man zu einem ganz gegenteiligen Schluss kommen. So wurde beispielsweise beobachtet, dass ein Gewicht A von 10 Gramm und ein Gewicht B von 11 Gramm identische Empfindungen hervorriefen, dass das Gewicht B auch nicht von einem Gewicht C von 12 Gramm unterschieden werden konnte, dass aber das Gewicht A leicht von dem Gewicht C unterschieden werden konnte. Die rohen Ergebnisse des Experiments lassen sich also durch die folgenden Beziehungen ausdrücken:

$$A = B, B = C, A < C,$$

die als Formel für das physische Kontinuum betrachtet werden können.

Hier besteht mit dem Prinzip des Widerspruchs ein unerträglicher Dissens, und die Notwendigkeit, diesen Dissens zu beenden, hat uns gezwungen, das mathematische Kontinuum zu erfinden.

Man ist also gezwungen zu schlussfolgern, dass dieser Begriff vom Geist aus dem Nichts erschaffen wurde, sondern dass die Erfahrung ihm den Anlass dazu gegeben hat.

Wir können nicht glauben, dass zwei Größen, die einer dritten gleich sind, nicht auch untereinander gleich sind, und so werden wir dazu verleitet, anzunehmen, dass A sich von B und B von C unterscheidet, aber die Unvollkommenheit unserer Sinne uns nicht erlaubt hatte, sie zu unterscheiden.

SCHAFFUNG DES MATHEMATISCHEN KONTINUUMS

Die erste Stufe. - Bisher könnte es ausreichen, zwischen A und B eine kleine Anzahl von Begriffen einzufügen, um die Fakten zu beschreiben. Was passiert nun, wenn wir ein Instrument benutzen, um die Schwäche unserer Sinne zu beheben, wenn wir zum Beispiel ein Mikroskop benutzen? Begriffe, die wir nicht voneinander unterscheiden konnten, weil sie eben noch A und B waren, erscheinen uns nun als verschieden; aber zwischen A und B, die verschieden geworden sind, wird sich ein neuer Begriff D einfügen, den wir weder von A noch von B unterscheiden können.

Wir können dem nur entgehen, indem wir ständig neue Begriffe zwischen die bereits unterschiedenen Begriffe einfügen, und dieser Vorgang muss auf unbestimmte Zeit fortgesetzt werden. Wir könnten uns nicht vorstellen, dass wir ihn aufhalten müssten, wenn wir uns nicht ein Instrument vorstellen könnten, das stark genug ist, das physikalische Kontinuum in diskrete Elemente zu zerlegen, so wie das Teleskop die Milchstraße in Sterne zerlegt. Wir können uns das aber nicht vorstellen; denn wir benutzen unsere Instrumente immer mit unseren Sinnen; wir betrachten das vom Mikroskop vergrößerte Bild mit dem Auge, und dieses Bild muss daher immer die Merkmale der visuellen Empfindung und damit die des physischen Kontinuums beibehalten.

Nichts unterscheidet eine direkt beobachtete Länge von der Hälfte dieser Länge, die durch das Mikroskop verdoppelt wird. Das Ganze ist mit dem Teil homogen, das ist ein neuer Widerspruch, oder vielmehr wäre es einer, wenn die Anzahl der Begriffe als endlich angenommen würde; es ist nämlich klar, dass ein Teil, der weniger Begriffe als das Ganze enthält, nicht dem Ganzen ähnlich sein kann.

Der Widerspruch hört auf, sobald die Anzahl der Begriffe als unendlich betrachtet wird; nichts hindert uns zum Beispiel daran, die Gesamtheit der ganzen Zahlen als ähnlich der Gesamtheit der geraden Zahlen zu betrachten, die doch nur ein Teil davon ist; und in der Tat entspricht jeder ganzen Zahl eine gerade Zahl, die das Doppelte davon ist.

Aber nicht nur um diesem in den empirischen Daten enthaltenen Widerspruch zu entgehen, sieht sich der Geist veranlasst, den Begriff eines Kontinuums zu schaffen, das aus einer unbestimmten Anzahl von Begriffen gebildet wird.

Es verhält sich wie bei der Abfolge ganzer Zahlen. Wir haben die Fähigkeit, uns vorzustellen, dass eine Einheit zu einer Sammlung von Einheiten hinzugefügt werden kann; durch Erfahrung haben wir die Gelegenheit, diese Fähigkeit auszuüben, und werden uns ihrer bewusst; aber von diesem Moment an fühlen wir, dass unsere Macht keine Grenzen hat und dass wir endlos zählen könnten, obwohl wir immer nur eine endliche Anzahl von Objekten zählen mussten.

Ebenso fühlen wir, sobald wir dazu gebracht wurden, zwischen zwei aufeinanderfolgenden Begriffen einer Reihe Mittel einzufügen, dass diese Operation über jede Grenze hinaus fortgesetzt werden kann und dass es sozusagen keinen intrinsischen Grund gibt, damit aufzuhören.

Man erlaube mir, um die Sprache zu verkürzen, jede Menge von Termen, die nach demselben Gesetz wie die Skala der kommensurablen Zahlen gebildet werden, als mathematisches Kontinuum erster Ordnung zu bezeichnen. Wenn wir dann neue Stufen nach dem Gesetz der Bildung der inkommensurablen Zahlen einfügen, erhalten wir das, was wir ein Kontinuum zweiter Ordnung nennen.

Zweite Stufe - Wir haben erst den ersten Schritt getan; wir haben den Ursprung der kontinuierlichen Zahlen erster Ordnung erklärt; aber jetzt müssen wir sehen, warum sie noch nicht ausreichen konnten und warum wir die inkommensurablen Zahlen erfinden mussten.

Wenn wir uns eine Linie vorstellen wollen, dann nur mit den Merkmalen des physischen Kontinuums, das heißt, wir können sie uns nur mit einer gewissen Breite vorstellen. Zwei Linien werden uns dann als zwei schmale Streifen erscheinen, und wenn wir uns mit diesem groben Bild begnügen, ist es offensichtlich, dass, wenn die beiden Linien sich überschneiden, sie einen gemeinsamen Teil haben werden.

Aber der reine Geometer macht noch eine weitere Anstrengung: Ohne ganz auf die Hilfe seiner Sinne zu verzichten, will er zu dem Begriff der

Linie ohne Breite und des Punktes ohne Ausdehnung gelangen. Er kann dies nur erreichen, indem er die Linie als die Grenze betrachtet, auf die ein immer schmaler werdender Streifen zuläuft, und den Punkt als die Grenze, auf die eine immer kleinere Fläche zuläuft. Und dann werden unsere beiden Streifen, wie schmal sie auch sein mögen, immer eine gemeinsame Fläche haben, die umso kleiner ist, je weniger breit sie sind, und deren Grenze das ist, was der reine Geometer einen Punkt nennt.

Deshalb sagt man, dass zwei Linien, die sich kreuzen, eine Gemeinsamkeit haben, und diese Wahrheit scheint intuitiv zu sein.

Sie wäre jedoch widersprüchlich, wenn man Linien als Kontinua erster Ordnung auffassen würde, d. h. wenn auf den vom Geometer gezogenen Linien nur Punkte liegen dürften, deren Koordinaten rationale Zahlen sind. Der Widerspruch wäre offensichtlich, wenn man beispielsweise die Existenz von Geraden und Kreisen behaupten würde.

Es ist nämlich klar, dass, wenn nur die Punkte, deren Koordinaten kommensurabel sind, als real angesehen würden, sich der Inkreis eines Quadrats und die Diagonale dieses Quadrats nicht schneiden würden, da die Koordinaten des Schnittpunkts inkommensurabel sind.

Das wäre noch nicht genug, denn damit hätte man nur bestimmte inkommensurable Zahlen und nicht alle diese Zahlen.

Aber stellen wir uns eine Gerade vor, die in zwei Halbgeraden geteilt ist. Jede dieser Halbgeraden wird unserer Vorstellung als ein Streifen von einer bestimmten Breite erscheinen; diese Streifen werden sich übrigens überlappen, da es zwischen ihnen keinen Zwischenraum geben darf. Der gemeinsame Teil wird uns als ein Punkt erscheinen, der immer bestehen bleibt, wenn wir uns unsere Streifen immer schmaler vorstellen wollen, so dass wir als intuitive Wahrheit annehmen, dass, wenn eine Gerade in zwei Halbgeraden geteilt wird, die gemeinsame Grenze dieser beiden Geraden ein Punkt ist; wir erkennen hier die Auffassung Kroneckers, in der eine inkommensurable Zahl als die gemeinsame Grenze zweier Klassen rationaler Zahlen betrachtet wurde.

Dies ist der Ursprung des Kontinuums zweiter Ordnung, das das eigentliche mathematische Kontinuum ist.

Zusammenfassung. - Zusammenfassend lässt sich sagen, dass der Geist die Fähigkeit besitzt, Symbole zu erschaffen, und auf diese Weise das mathematische Kontinuum konstruiert hat, das lediglich ein bestimmtes System von Symbolen ist. Seine Macht ist nur durch die Notwendigkeit begrenzt, Widersprüche zu vermeiden; doch der Geist macht nur dann von ihr Gebrauch, wenn die Erfahrung ihm einen Grund dafür liefert.

Im vorliegenden Fall war dieser Grund der Begriff des physikalischen Kontinuums, der aus den Rohdaten der Sinne abgeleitet wurde. Dieser Begriff führt jedoch zu einer Reihe von Widersprüchen, aus denen wir uns sukzessive befreien müssen. So sind wir gezwungen, uns ein immer komplizierteres System von Symbolen vorzustellen. Das System, mit dem wir uns hier beschäftigen, ist nicht nur frei von inneren Widersprüchen - das war schon bei allen bisherigen Schritten so -, sondern es steht auch nicht im Widerspruch zu verschiedenen sogenannten intuitiven Sätzen, die aus mehr oder weniger entwickelten empirischen Begriffen abgeleitet sind.

DIE MESSBARE GRÖSSE

Die Größen, die wir bisher untersucht haben, sind nicht *messbar*; wir können zwar sagen, ob eine dieser Größen größer ist als eine andere, aber nicht, ob sie doppelt oder dreifach so groß ist.

Bisher habe ich mich nämlich nur um die Reihenfolge gekümmert, in der unsere Begriffe geordnet sind. Das reicht jedoch für die meisten Anwendungen nicht aus. Wir müssen lernen, das Intervall zwischen zwei beliebigen Termen zu vergleichen. Nur dann wird das Kontinuierliche zu einer messbaren Größe und man kann die Operationen der Arithmetik darauf anwenden.

Dies kann nur mithilfe einer neuen und speziellen *Konvention erreicht werden*. In diesem Fall *wird vereinbart*, dass das Intervall zwischen den Begriffen A und B gleich dem Intervall zwischen C und D ist. Zu Beginn unserer Arbeit sind wir beispielsweise von der Skala der ganzen Zahlen ausgegangen und haben angenommen, dass zwischen zwei aufeinanderfolgenden Stufen *n* Zwischenstufen eingefügt werden.

Dies ist eine Möglichkeit, die Addition zweier Größen zu definieren; denn wenn das Intervall AB per Definition gleich dem Intervall CD ist, wird das Intervall AD per Definition die Summe der Intervalle AB und AC sein.

Diese Definition ist zu einem sehr großen Teil willkürlich. Dennoch ist sie nicht völlig beliebig. Sie unterliegt bestimmten Bedingungen, zum Beispiel den Regeln der Kommutativität und Assoziativität der Addition.

Aber solange die gewählte Definition diese Regeln erfüllt, ist die Wahl gleichgültig und muss nicht näher erläutert werden.

VERSCHIEDENE BEMERKUNGEN

Wir können uns mehrere wichtige Fragen stellen:

1°Ist die schöpferische Kraft des Geistes durch die Schaffung des mathematischen Kontinuums erschöpft?

Nein: Die Arbeit von Du Bois-Reymond belegt dies auf eindrucksvolle Weise.

Es ist bekannt, dass Mathematiker zwischen unendlich kleinen Größen verschiedener Ordnung unterscheiden und dass die Größen der zweiten Ordnung nicht nur absolut, sondern auch im Verhältnis zu denen der ersten Ordnung unendlich klein sind. Es ist nicht schwer, sich unendlich kleine Zahlen in gebrochener oder sogar irrationaler Ordnung vorzustellen, und so kommen wir wieder auf die Skala des mathematischen Kontinuums, die Gegenstand der vorangegangenen Seiten war.

Aber es gibt noch mehr; es gibt unendlich kleine, die im Vergleich zu denen der ersten Ordnung unendlich klein und im Gegensatz dazu im Vergleich zu denen der Ordnung $1 + \varepsilon$ *unendlich* groß sind, und zwar egal, wie klein ε *ist.* Hier sind also neue Begriffe in unsere Reihe eingestreut, und wenn man mir erlauben will, auf die Sprache zurückzukommen, die ich vorhin benutzte und die recht bequem ist, obwohl sie nicht durch den Gebrauch geweiht ist, so möchte ich sagen, dass man auf diese Weise eine Art Kontinuum dritter Ordnung geschaffen hat.

Es wäre leicht, noch weiter zu gehen, aber das wäre ein eitles Spiel des Geistes; man würde sich nur Symbole ohne mögliche Anwendung ausdenken, und niemand würde darauf kommen. Das Kontinuum der dritten Ordnung, zu dem die Betrachtung der verschiedenen Ordnungen der unendlich kleinen führt, ist selbst zu wenig nützlich, um sich das Bürgerrecht erobert zu haben, und die Geometer betrachten es nur als eine bloße Kuriosität. Der Geist macht von seiner schöpferischen Fähigkeit nur Gebrauch, wenn die Erfahrung ihn dazu zwingt.

2°Ist man, wenn man einmal im Besitz des Konzepts des mathematischen Kontinuums ist, vor ähnlichen Widersprüchen wie denen, die es hervorgebracht haben, sicher?

Nein, und ich werde ein Beispiel dafür geben.

Man muss schon sehr gelehrt sein, um nicht als selbstverständlich anzusehen, dass jede Kurve eine Tangente hat. Wenn man sich diese Kurve und eine Gerade als zwei schmale Streifen vorstellt, kann man sie immer so anordnen, dass sie einen gemeinsamen Teil haben, ohne sich zu durchdringen. Wenn man sich dann vorstellt, dass die Breite dieser beiden Streifen unendlich abnimmt, kann dieser gemeinsame Teil immer noch bestehen bleiben und sozusagen an der Grenze haben die beiden Linien einen gemeinsamen Punkt, ohne sich zu durchdringen, d. h. sie berühren sich.

Der Geometer, der so argumentieren würde, ob bewusst oder unbewusst, würde nichts anderes tun als das, was wir oben getan haben, um zu zeigen, dass zwei Linien, die sich kreuzen, einen gemeinsamen Punkt haben, und seine Intuition könnte genauso legitim erscheinen.

Sie würde ihn jedoch täuschen. Man kann zeigen, dass es Kurven gibt, die keine Tangente haben, wenn diese Kurve als ein analytisches Stetiges zweiter Ordnung definiert ist.

Zweifellos hätte ein ähnlicher Kunstgriff wie die, die wir oben untersucht haben, den Widerspruch aufheben können, aber da dieser nur in sehr außergewöhnlichen Fällen vorkommt, hat man sich nicht darum gekümmert. Anstatt zu versuchen, die Intuition mit der Analyse in Einklang zu bringen, begnügte man sich damit, eine der beiden zu opfern, und da die Analyse einwandfrei bleiben muss, war es die Intuition, der man Unrecht tat.

DAS MEHRDIMENSIONALE PHYSISCHE KONTINUUM

Ich habe oben das physikalische Kontinuum untersucht, wie es sich aus den unmittelbaren Daten unserer Sinne ergibt, oder, wenn man so will, aus den rohen Ergebnissen von Fechners Experimenten; ich habe gezeigt, dass diese Ergebnisse in den widersprüchlichen Formeln zusammengefasst sind.

$$A = B, B = C, A < C$$

Sehen wir uns nun an, wie sich dieses Konzept verallgemeinert hat und wie daraus das Konzept der mehrdimensionalen Kontinuen entstanden ist.

Betrachten wir zwei beliebige Sätze von Empfindungen. Entweder werden wir sie voneinander unterscheiden können oder nicht, so wie in Fechners Experimenten ein Gewicht von 10 Gramm von einem Gewicht von 12 Gramm unterschieden werden konnte, aber nicht von einem Gewicht von 11 Gramm. Ich brauche nichts anderes, um das mehrdimensionale Kontinuum zu konstruieren.

Nennen wir eine dieser Mengen von Empfindungen *Element*. Das wird etwas Ähnliches sein wie der Punkt der Mathematiker; es wird jedoch nicht ganz dasselbe sein. Wir können nicht sagen, dass unser Element ohne Ausdehnung ist, da wir es nicht von benachbarten Elementen unterscheiden können und es daher von einer Art Nebel umgeben ist.

Wenn man mir diesen astronomischen Vergleich gestatten möchte, wären unsere "Elemente" wie Nebel, während die mathematischen Punkte wie Sterne wären.

Ein System von Elementen bildet dann ein Kontinuum, wenn man von einem beliebigen Element zu einem ebenso beliebigen anderen durch eine Reihe von aufeinanderfolgenden Elementen gelangen kann, die so aneinandergereiht sind, dass jedes Element nicht vom vorhergehenden unterschieden werden kann. Diese *Kette* ist für die Linie des Mathematikers das, was ein einzelnes Element für den Punkt war.

Bevor wir weitergehen, muss ich erklären, was ein *Schnitt ist*. Betrachten wir ein Kontinuum und entfernen wir einige seiner Elemente, die wir für einen Moment als nicht mehr zu diesem Kontinuum gehörend betrachten. Die Gesamtheit der so entfernten Elemente wird als Schnitt bezeichnet. Es kann vorkommen, dass C durch diesen Schnitt in mehrere verschiedene Kontinuen *unterteilt* wird und die verbleibenden Elemente nicht mehr ein einziges Kontinuum bilden.

Dann wird es auf C zwei Elemente, A und B, geben, die man als zu zwei verschiedenen Kontinuen gehörig betrachten muss, und man wird dies erkennen, weil es unmöglich sein wird, eine Kette von aufeinanderfolgenden Elementen von C zu finden, die von A ausgeht und nach B führt, wobei jedes Element vom vorhergehenden nicht unterscheidbar *ist, es sei denn, eines der Elemente dieser Kette ist von einem der Elemente des Schnitts nicht unterscheidbar und muss daher ausgeschlossen werden.*

Stattdessen kann es vorkommen, dass der Schnitt nicht ausreicht, um das Kontinuum C zu unterteilen. Um die physikalischen Kontinuen zu klassifizieren, werden wir genau untersuchen, welche Schnitte notwendig sind, um sie zu unterteilen.

Wenn wir ein physikalisches Kontinuum C durch einen Schnitt unterteilen können, der sich auf eine endliche Anzahl von Elementen reduzieren lässt, die alle voneinander unterscheidbar sind (und daher weder ein Kontinuum noch mehrere Kontinuen bilden), sagen wir, dass C ein *eindimensionales Kontinuum* ist.

Wenn C hingegen nur durch Schnitte unterteilt werden kann, die selbst Kontinuen sind, sagen wir, dass C mehrere Dimensionen hat. Wenn es genügt, dass die Schnitte eindimensionale Kontinuen sind, sagen wir, dass C zwei Dimensionen hat, wenn es genügt, dass die Schnitte zweidimensional sind, sagen wir, dass C drei Dimensionen hat, und so weiter. Auf diese Weise wird der Begriff des mehrdimensionalen physikalischen Kontinuums definiert, dank der sehr einfachen Tatsache, dass zwei Sätze von Empfindungen unterscheidbar oder ununterscheidbar sein können.

DAS MEHRDIMENSIONALE MATHEMATISCHE KONTINUUM

Die des n-dimensionalen mathematischen Kontinuums entstand ganz natürlich durch einen Prozess, der dem ähnelt, den wir am Anfang dieses Kapitels untersucht haben. Ein Punkt in einem solchen Kontinuum erscheint uns bekanntlich als durch ein System von *n* verschiedenen Größen definiert, die man seine Koordinaten nennt.

Es ist nicht immer notwendig, dass diese Größen messbar sind, und es gibt z. B. einen Zweig der Geometrie, bei dem man von der Messung dieser Größen absieht und sich nur darum kümmert, ob z. B. auf einer Kurve ABC der Punkt B zwischen den Punkten A und C liegt, und nicht darum, ob der Bogen AB gleich dem Bogen BC oder doppelt so groß ist. Dies wird als *Analysis Situs* bezeichnet.

Es ist ein ganzer Lehrkörper, der die Aufmerksamkeit der größten Geometer auf sich gezogen hat und aus dem eine Reihe von bemerkenswerten Theoremen hervorgeht. Was diese Theoreme von denen der gewöhnlichen Geometrie unterscheidet, ist, dass sie rein qualitativ sind und dass sie auch dann noch wahr wären, wenn die Figuren von einem ungeschickten Zeichner kopiert würden, der die Proportionen grob verändert und die Geraden durch eine mehr oder weniger gekrümmte Linie ersetzt.

Als man das Messen in das Kontinuierliche einführen wollte, das wir gerade definiert haben, wurde dieses Kontinuierliche zum Raum und die Geometrie entstand. Diese Untersuchung hebe ich mir jedoch für den zweiten Teil auf.

ZWEITER TEIL

RAUM

KAPITEL III

NICHTEUKLIDISCHE GEOMETRIEN

Jede Schlussfolgerung setzt Prämissen voraus; diese Prämissen selbst sind entweder aus sich selbst heraus evident und bedürfen keines Beweises, oder sie können nur mithilfe anderer Sätze aufgestellt werden; und da man auf diese Weise nicht bis ins Unendliche zurückgehen kann, muss jede deduktive Wissenschaft, insbesondere die Geometrie, auf einer bestimmten Anzahl unbeweisbarer Axiome beruhen. Alle Abhandlungen über Geometrie beginnen daher mit der Aufstellung dieser Axiome. Zwischen ihnen ist jedoch ein Unterschied zu machen: Einige, wie zum Beispiel dieses: "*Zwei Mengen, die einer gleichen dritten gleich sind, sind auch untereinander gleich*", sind keine Sätze der Geometrie, sondern Sätze der Analysis. Ich betrachte sie als analytische Urteile *a priori und werde mich* nicht mit ihnen befassen.

Ich muss jedoch auf andere Axiome hinweisen, die speziell für die Geometrie gelten. In den meisten Abhandlungen werden drei davon explizit genannt:

1° Durch zwei Punkte kann nur eine Gerade verlaufen;

2° Die gerade Linie ist der kürzeste Weg von einem Punkt zu einem anderen ;

3° Durch einen Punkt kann man nur eine Parallele zu einer gegebenen Geraden ziehen.

Obwohl man im Allgemeinen darauf verzichtet, das zweite dieser Axiome zu beweisen, könnte man es aus den beiden anderen und den weitaus zahlreicheren Axiomen, die man implizit annimmt, ohne sie auszusprechen, ableiten, wie ich weiter unten erläutern werde.

Lange Zeit hat man vergeblich versucht, auch das dritte Axiom, das als *Euklidisches Postulat* bekannt ist, zu beweisen. Die Anstrengungen, die man für diese schimärische Hoffnung aufgewendet hat, sind wirklich unvorstellbar. Zu Beginn des Jahrhunderts schließlich, etwa zur gleichen

Zeit, stellten zwei Gelehrte, ein Russe und ein Ungar, Lobatchevsky und Bolyai, unwiderlegbar fest, dass dieser Beweis unmöglich ist; sie befreiten uns ungefähr von den Erfindern von Geometrien ohne Postulatum; seither erhält die Akademie der Wissenschaften kaum mehr als eine oder zwei neue Demonstrationen pro Jahr.

Die Frage war noch nicht erschöpft; sie machte bald einen großen Schritt nach vorn durch *die* Veröffentlichung von Riemanns berühmter Denkschrift mit dem Titel: *Ueber die Hypothesen welche der Geometrie zum Grunde liegen.* Diese Schrift inspirierte die meisten der neueren Arbeiten, auf die ich später eingehen werde und unter denen die von Beltrami und Helmholtz zu erwähnen sind.

LOBATCHEVSKY-GEOMETRIE

Wenn es möglich wäre, Euklids Postulat aus den anderen Axiomen abzuleiten, würde es natürlich dazu kommen, dass man, wenn man das Postulat verneint und die anderen Axiome zulässt, zu widersprüchlichen Konsequenzen geführt würde; es wäre also unmöglich, auf solche Prämissen eine kohärente Geometrie zu stützen.

Doch genau das hat Lobatchevsky getan. Er nimmt zu Beginn an, dass :

Man kann durch einen Punkt mehrere Parallelen zu einer gegebenen Geraden führen.

Und er behält auch alle anderen Axiome von Euklid bei. Aus diesen Annahmen leitet er eine Reihe von Theoremen ab, zwischen denen es unmöglich ist, einen Widerspruch festzustellen, und er konstruiert eine Geometrie, deren makellose Logik der der euklidischen Geometrie in nichts nachsteht.

Die Theoreme sind natürlich ganz anders als die, an die wir gewöhnt sind, und sie verwirren zunächst ein wenig.

So ist die Summe der Winkel in einem Dreieck immer kleiner als zwei rechte Winkel und die Differenz zwischen dieser Summe und zwei rechten Winkeln ist proportional zur Fläche des Dreiecks.

Es ist nicht möglich, eine Figur zu konstruieren, die einer gegebenen Figur ähnlich ist, aber andere Maße hat.

Wenn man einen Umfang in n gleiche Teile teilt und Tangenten an die Teilungspunkte führt, bilden diese n Tangenten ein Vieleck, wenn der

Radius des Umfangs klein genug ist; ist der Radius aber groß genug, treffen sie sich nicht.

Es ist sinnlos, diese Beispiele zu vervielfältigen; Lobatchevskys Sätze haben keine Verbindung mehr zu Euklids Sätzen, aber sie sind nicht weniger logisch miteinander verbunden.

DIE RIEMANNSCHE GEOMETRIE

Stellen wir uns eine Welt vor, die nur von dickenlosen Wesen bevölkert ist, und nehmen wir an, dass diese "unendlich flachen" Tiere alle in einer Ebene liegen und diese nicht verlassen können. Nehmen wir außerdem an, dass diese Welt weit genug von anderen Welten entfernt ist, um ihrem Einfluss entzogen zu sein. Während wir hier Hypothesen aufstellen, kostet es uns nicht mehr, diese Wesen mit Denkvermögen auszustatten und sie für fähig zu halten, Geometrie zu betreiben. In diesem Fall werden sie dem Raum sicherlich nur zwei Dimensionen zuordnen.

Aber nehmen wir nun an, dass diese imaginären Tiere, obwohl sie keine Dicke haben, die Form einer Kugelfigur und nicht die einer ebenen Figur haben und sich alle auf einer Kugel befinden, ohne von ihr abweichen zu können. Welche Geometrie werden sie konstruieren können? Was für sie die Rolle der Geraden spielt, ist der kürzeste Weg von einem Punkt zu einem anderen auf der Kugel, d. h. ein Bogen des Großkreises, mit einem Wort, ihre Geometrie wird die Kugelgeometrie sein.

Was sie als Raum bezeichnen, ist die Kugel, die sie nicht verlassen können und auf der sich alle Phänomene abspielen, von denen sie Kenntnis haben können. Ihr Raum wird also grenzenlos sein, da man auf einer Kugel immer vor sich gehen kann, ohne jemals angehalten zu werden, und dennoch wird er endlich sein.

Nun, Riemanns Geometrie ist die auf drei Dimensionen erweiterte sphärische Geometrie. Um sie zu konstruieren, musste der deutsche Mathematiker nicht nur Euklids Postulat über Bord werfen, sondern auch das erste Axiom: *Durch zwei Punkte kann man nur eine Gerade ziehen.*

Auf einer Kugel kann man durch zwei gegebene Punkte in der *Regel* nur einen Großkreis ziehen (der, wie wir gerade gesehen haben, für unsere Fantasiewesen die Rolle der Geraden spielen würde), aber es gibt eine Ausnahme: Wenn die beiden gegebenen Punkte diametral gegenüberliegen, kann man durch diese beiden Punkte unendlich viele Großkreise ziehen.

In der Riemannschen Geometrie (zumindest in einer ihrer Formen) geht durch zwei Punkte normalerweise nur eine einzige Gerade.

Es gibt eine Art Gegensatz zwischen der Geometrie von Riemann und der von Lobatschewski.

Somit ist die Winkelsumme eines Dreiecks :

- Gleich zwei Rechten in der Geometrie von Euklid.

- Kleiner als zwei Rechte in der von Lobatchevsky.

- Größer als zwei Rechte in der Riemannschen.

Die Anzahl der Parallelen, die man durch einen gegebenen Punkt zu einer gegebenen Geraden führen kann, ist gleich :

- zu eins in der Geometrie von Euklid,

- zu Null in der von Riemann,

- bis unendlich in der von Lobatchevsky.

Fügen wir hinzu, dass der Riemannsche Raum endlich, wenn auch grenzenlos ist, in der Bedeutung, die diesen beiden Wörtern oben gegeben wurde.

FLÄCHEN MIT KONSTANTER KRÜMMUNG

Ein Einwand blieb jedoch möglich. Die Theoreme von Lobatchevsky und Riemann weisen keine Widersprüche auf; aber egal wie viele Konsequenzen diese beiden Geometer aus ihren Hypothesen gezogen haben, sie mussten aufhören, bevor sie alle ausgeschöpft hatten, denn die Zahl wäre unendlich.

Diese Schwierigkeit besteht bei der Riemannschen Geometrie nicht, sofern man sich auf zwei Dimensionen beschränkt; die zweidimensionale Riemannsche Geometrie unterscheidet sich nämlich, wie wir gesehen haben, nicht von der sphärischen Geometrie, die nur ein Zweig der gewöhnlichen Geometrie ist und daher außerhalb jeder Diskussion steht.

Indem Herr Beltrami die zweidimensionale Lobatschewski-Geometrie in ähnlicher Weise darauf zurückführte, nur noch ein Zweig der gewöhnlichen Geometrie zu sein, widerlegte er auch den Einwand in Bezug auf sie.

Hier ist, wie er das geschafft hat. Betrachten wir auf einer Oberfläche eine beliebige Figur. Stellen wir uns vor, dass diese Figur auf einem flexiblen, nicht dehnbaren Tuch gezeichnet ist, das so auf die Oberfläche gelegt wird, dass, wenn sich das Tuch bewegt und verformt, die verschiedenen Linien der Figur ihre Form verändern können, ohne ihre Länge zu verändern. Im Allgemeinen kann sich diese flexible und undehnbare Figur nicht bewegen, ohne die Oberfläche zu verlassen; es gibt jedoch einige besondere Oberflächen, bei denen eine solche Bewegung möglich wäre: das sind Oberflächen mit konstanter Krümmung.

Wenn wir den Vergleich, den wir oben angestellt haben, wieder aufgreifen und uns dickleibige Wesen vorstellen, die auf einer dieser Oberflächen leben, werden sie die Bewegung einer Figur, deren Linien alle eine konstante Länge haben, für möglich halten. Eine solche Bewegung würde hingegen für Tiere ohne Dicke, die auf einer Oberfläche mit variabler Krümmung leben, absurd erscheinen.

Diese Flächen mit konstanter Krümmung gibt es in zwei Arten:

Die einen sind positiv gekrümmt und können so verformt werden, dass sie auf eine Kugel angewendet werden. Die Geometrie dieser Flächen lässt sich daher auf die Kugelgeometrie reduzieren, die Riemanns Geometrie ist.

Die anderen haben eine negative Krümmung. Herr Beltrami hat gezeigt, dass die Geometrie dieser Flächen nichts anderes ist als die von Lobatchevsky. Die zweidimensionalen Geometrien von Riemann und Lobatschewski werden also der euklidischen Geometrie zugeordnet.

INTERPRETATION NICHTEUKLIDISCHER GEOMETRIEN

Damit verflüchtigt sich der Einwand in Bezug auf zweidimensionale Geometrien.

Es wäre leicht, Beltramis Argumentation auf dreidimensionale Geometrien auszudehnen. Diejenigen, die sich von vierdimensionalen Räumen nicht abschrecken lassen, werden damit keine Schwierigkeiten haben, aber das sind nicht viele. Ich ziehe daher eine andere Vorgehensweise vor.

Betrachten wir eine bestimmte Ebene, die ich als fundamental bezeichnen möchte, und erstellen wir eine Art Wörterbuch, indem wir jedem eine doppelte Folge von Begriffen in zwei Spalten zuordnen, so wie sich in gewöhnlichen Wörterbüchern die Wörter zweier Sprachen mit derselben Bedeutung entsprechen:

Raum: Der Teil des Raums, der sich über der grundlegenden Ebene befindet.

Ebene: Sphäre, die die fundamentale Ebene orthogonal schneidet.

Gerade: Ein Kreis, der die Fundamentalebene orthogonal schneidet.

Sphäre: Sphäre.

Kreis: Kreis.

Winkel: Winkel.

Abstand zweier Punkte : Logarithmus des anharmonischen Verhältnisses dieser beiden Punkte und der Schnittpunkte der Fundamentalebene mit einem Kreis, der durch diese beiden Punkte verläuft und sie orthogonal schneidet.

etc....

Dann nehmen wir die Lobatchevsky-Theoreme und übersetzen sie mithilfe dieses Wörterbuchs, so wie wir einen deutschen Text mithilfe eines Deutsch-Französisch-Wörterbuchs übersetzen würden. Auf diese *Weise erhalten wir Theoreme aus der gewöhnlichen Geometrie.*

Der Satz von Lobatchevsky "Die Winkelsumme eines Dreiecks ist kleiner als zwei rechte Winkel" lässt sich zum Beispiel wie folgt übersetzen: "Wenn ein krummliniges Dreieck Kreisbögen als Seiten hat, die bei ihrer Verlängerung die Grundebene orthogonal schneiden würden, ist die Winkelsumme dieses krummlinigen Dreiecks kleiner als zwei rechte Winkel". Wie weit man die Konsequenzen von Lobatchevskys Hypothesen auch treiben mag, man wird nie zu einem Widerspruch geführt. Denn wenn zwei Theoreme von Lobatschewski widersprüchlich wären, würde das auch für die Übersetzungen dieser beiden Theoreme gelten, die mithilfe unseres Wörterbuchs angefertigt werden, aber diese Übersetzungen sind Theoreme der gewöhnlichen Geometrie und niemand bezweifelt, dass die gewöhnliche Geometrie frei von Widersprüchen ist. Woher haben wir diese Gewissheit und ist sie gerechtfertigt? Das ist eine Frage, die ich hier nicht behandeln kann, da sie einige Ausführungen erfordern würde. Von dem Einwand, den ich oben formuliert habe, bleibt also nichts mehr übrig.

Das ist noch nicht alles. Die Lobatschewski-Geometrie, die einer konkreten Interpretation zugänglich ist, hört auf, eine leere Übung in Logik zu sein und kann Anwendungen erhalten; ich habe hier nicht die Zeit, über diese Anwendungen oder den Nutzen, den Herr Klein und ich daraus für die Integration linearer Gleichungen gezogen haben, zu sprechen.

Diese Interpretation ist übrigens nicht einzigartig, und man könnte mehrere Wörterbücher analog zu dem obigen erstellen, die alle durch eine einfache "Übersetzung" die Umwandlung der Lobatchevsky-Theoreme in Theoreme der gewöhnlichen Geometrie ermöglichen würden.

IMPLIZITE AXIOME

Sind die in den Abhandlungen explizit genannten Axiome die einzigen Grundlagen der Geometrie? Man kann sich des Gegenteils sicher sein, wenn man sieht, dass man nach ihrer sukzessiven Aufgabe noch einige Sätze stehen lässt, die den Theorien von Euklid, Lobatschewski und Riemann gemeinsam sind. Diese Sätze müssen auf einigen Prämissen beruhen, die die Geometer anerkennen, ohne sie auszusprechen. Es ist interessant, zu versuchen, diese aus den klassischen Beweisführungen herauszulesen.

Stuart Mill behauptete, dass jede Definition ein Axiom enthalte, da man mit der Definition implizit die Existenz des definierten Objekts behaupte. Das geht viel zu weit. In der Mathematik wird selten eine Definition gegeben, ohne dass darauf ein Beweis für die Existenz des definierten Objekts folgt, und wenn man darauf verzichtet, dann meist deshalb, weil der Leser dies leicht nachholen kann. Man darf nicht vergessen, dass das Wort Existenz nicht dieselbe Bedeutung hat, wenn es um ein mathematisches Wesen geht und wenn es um ein materielles Objekt geht. Ein mathematisches Wesen existiert, sofern seine Definition keinen Widerspruch in sich selbst oder zu früher angenommenen Sätzen beinhaltet.

Aber auch wenn Stuart Mills Beobachtung nicht auf alle Definitionen zutreffen kann, so ist sie doch bei einigen richtig. Manchmal wird die Ebene wie folgt definiert:

Die Ebene ist eine Fläche, so dass die Gerade, die zwei beliebige ihrer Punkte verbindet, ganz auf dieser Fläche liegt.

Diese Definition verbirgt offensichtlich ein neues Axiom; man könnte sie zwar ändern, und das wäre auch besser, aber dann müsste man das Axiom explizit aussprechen.

Andere Definitionen können zu nicht weniger wichtigen Überlegungen führen.

So zum Beispiel die Gleichheit zweier Figuren: Zwei Figuren sind gleich, wenn man sie übereinander legen kann; um sie übereinander zu legen, muss man eine von ihnen verschieben, bis sie mit der anderen übereinstimmt; aber wie muss man sie verschieben? Wenn wir das fragen würden, würde man uns wahrscheinlich antworten, dass man dies tun muss, ohne sie zu verformen und wie einen unveränderlichen Festkörper. Der Teufelskreis wäre dann offensichtlich.

Tatsächlich definiert diese Definition nichts; sie würde für ein Wesen, das in einer Welt lebt, in der es nur Flüssigkeiten gibt, keinen Sinn ergeben. Wenn sie uns klar erscheint, liegt das daran, dass wir an die Eigenschaften natürlicher Festkörper gewöhnt sind, die sich nicht wesentlich von denen idealer Festkörper unterscheiden, bei denen alle Dimensionen unveränderlich sind.

Doch so unvollkommen diese Definition auch sein mag, sie impliziert ein Axiom.

Die Möglichkeit der Bewegung einer unveränderlichen Figur ist keine an sich selbst evidente Wahrheit, oder sie ist es zumindest nur in der Art des euklidischen Postulats und nicht, wie es ein analytisches Urteil a priori wäre.

Wenn man die Definitionen und Beweisführungen der Geometrie studiert, sieht man übrigens, dass man gezwungen ist, nicht nur die Möglichkeit dieser Bewegung, sondern auch einige ihrer Eigenschaften zuzugeben, ohne sie zu beweisen.

Das ergibt sich zunächst aus der Definition der Geraden. Man hat viele fehlerhafte gegeben, aber die wahre ist die, die in allen Beweisen, in denen die Gerade eine Rolle spielt, unterschwellig enthalten ist:

"Es kann vorkommen, dass die Bewegung einer unveränderlichen Figur so ist, dass alle Punkte auf einer Linie, die zu dieser Figur gehört, unbeweglich bleiben, während alle Punkte außerhalb dieser Linie sich bewegen. Eine solche Linie wird als gerade Linie bezeichnet. Wir haben in dieser Aussage absichtlich die Definition von dem Axiom, das sie impliziert, getrennt.

Viele Beweise, wie die für die Gleichheit von Dreiecken oder die Möglichkeit, eine Senkrechte von einem Punkt auf eine Gerade zu senken, setzen Sätze voraus, die man sich ersparen kann, da sie zu der Annahme zwingen, dass es möglich ist, eine Figur auf eine bestimmte Weise in den Raum zu transportieren.

DIE VIERTE GEOMETRIE

Unter diesen impliziten Axiomen gibt es eines, das meiner Meinung nach einige Aufmerksamkeit verdient, denn wenn man es aufgibt, kann man eine vierte Geometrie konstruieren, die genauso kohärent ist wie die von Euklid, Lobatchevsky und Riemann.

Um zu zeigen, dass man in einem Punkt A immer eine Senkrechte zu einer Geraden AB erheben kann, betrachtet man eine Gerade AC, die um den Punkt A beweglich ist und ursprünglich mit der festen Geraden AB zusammenfällt; und man lässt sie um den Punkt A rotieren, bis sie in die Verlängerung von AB kommt.

Damit werden zwei Sätze angenommen: erstens, dass eine solche Drehung möglich ist, und zweitens, dass sie so lange fortgesetzt werden kann, bis die beiden Geraden in die Verlängerung der anderen kommen.

Wenn man den ersten Punkt zulässt und den zweiten ablehnt, wird man zu einer Reihe von Theoremen geführt, die noch seltsamer sind als die von Lobatchevsky und Riemann, aber ebenfalls frei von Widersprüchen.

Ich werde nur eines dieser Theoreme nennen und nicht das ungewöhnlichste auswählen: *Eine reelle Gerade kann senkrecht zu sich selbst sein.*

DAS LIE-THEOREM

Die Anzahl der Axiome, die implizit in die klassischen Beweisführungen eingeführt werden, ist größer als nötig, und man hat versucht, sie auf ein Minimum zu reduzieren. Herr Hilbert scheint die endgültige Lösung für dieses Problem gegeben zu haben. Man konnte sich *a priori zunächst fragen,* ob diese Reduktion überhaupt möglich ist, wenn die Zahl der notwendigen Axiome und die Zahl der denkbaren Geometrien nicht unendlich ist.

Ein Theorem von Herrn Sophus Lie dominiert diese ganze Diskussion. Man kann es wie folgt formulieren:

Nehmen wir an, dass wir die folgenden Prämissen annehmen:

1° Der Raum hat *n* Dimensionen ;

2° Die Bewegung einer unveränderlichen Figur ist möglich.

3° Es braucht *p* Bedingungen, um die Position dieser Figur im Raum zu bestimmen.

Die Anzahl der Geometrien, die mit diesen Prämissen vereinbar sind, wird begrenzt sein.

Ich kann sogar hinzufügen, dass man, wenn *n* gegeben ist, *p* eine Obergrenze zuweisen kann.

Wenn wir also die Möglichkeit von Bewegung zulassen, können wir nur eine endliche (und sogar ziemlich kleine) Anzahl von dreidimensionalen Geometrien erfinden.

DIE RIEMANNSCHEN GEOMETRIEN

Dieses Ergebnis scheint jedoch von Riemann widerlegt zu werden, denn dieser Gelehrte konstruiert unendlich viele verschiedene Geometrien und die Geometrie, der man gewöhnlich seinen Namen gibt, ist nur ein Spezialfall davon.

Alles hängt davon ab, wie man die Länge einer Kurve definiert", sagte er. Nun gibt es unendlich viele Möglichkeiten, diese Länge zu definieren, und jede davon kann zum Ausgangspunkt einer neuen Geometrie werden.

Das ist vollkommen richtig, aber die meisten dieser Definitionen sind unvereinbar mit der Bewegung einer unveränderlichen Figur, die im Lie-Theorem als möglich angenommen wird. Diese in verschiedener Hinsicht so interessanten Riemannschen Geometrien könnten also niemals nur rein analytisch sein und sich nicht für Demonstrationen analog zu denen von Euklid eignen.

DIE GEOMETRIEN VON HILBERT

Schließlich haben Herr Veronese und Herr Hilbert neue, noch seltsamere Geometrien erdacht, die sie als *nicht-archimedisch* bezeichnen. Sie konstruieren sie, indem sie das archimedische Axiom verwerfen, demzufolge jede gegebene Länge, multipliziert mit einer ausreichend großen ganzen Zahl, schließlich jede andere gegebene Länge übertrifft, egal wie groß sie ist. Auf einer nicht-archimedischen Geraden existieren alle Punkte unserer gewöhnlichen Geometrie, aber es gibt unendlich viele andere, die sich zwischen sie schieben, so dass man zwischen zwei Strecken, die die Geometer der alten Schule als zusammenhängend betrachtet hätten, unendlich viele neue Punkte setzen kann. Mit einem Wort: Der nicht-archimedische Raum ist nicht mehr ein Kontinuum zweiter Ordnung, um die Sprache des vorherigen Kapitels zu verwenden, sondern ein Kontinuum dritter Ordnung.

VON DER NATUR DER AXIOME

Die meisten Mathematiker betrachten Lobatchevskys Geometrie nur als logische Kuriosität; einige von ihnen sind jedoch weiter gegangen. Da mehrere Geometrien möglich sind, ist es dann sicher, dass unsere Geometrie die wahre ist? Die Erfahrung lehrt uns zweifellos, dass die Winkelsumme eines Dreiecks gleich zwei rechten Winkeln ist; aber das liegt daran, dass wir nur mit zu kleinen Dreiecken operieren; der Unterschied, so Lobatschewski, ist proportional zur Fläche des Dreiecks: Kann er nicht spürbar werden, wenn wir mit größeren Dreiecken operieren oder wenn unsere Messungen genauer werden? Die euklidische Geometrie wäre somit nur eine vorläufige Geometrie.

Um diese Ansicht zu erörtern, müssen wir uns zunächst fragen, welcher Art die geometrischen Axiome sind.

Sind sie synthetische Urteile *a priori,* wie Kant sagte?

Sie würden sich uns dann mit einer solchen Kraft aufdrängen, dass wir uns den Gegenvorschlag nicht vorstellen oder ein theoretisches Gebäude darauf errichten könnten. Es gäbe keine nichteuklidische Geometrie.

Um sich davon zu überzeugen, möge man ein echtes synthetisches *A-priori-Urteil* nehmen, zum Beispiel dieses, dessen herausragende Rolle wir im ersten Kapitel gesehen haben:

Wenn ein Theorem für die Zahl 1 wahr ist, wenn bewiesen wurde, dass es für n + 1 wahr ist, wird es, vorausgesetzt, es ist für n wahr, für alle positiven ganzen Zahlen wahr sein.

Ob man dann versucht, sich dem zu entziehen und durch die Leugnung dieses Satzes eine falsche Arithmetik analog zur nichteuklidischen Geometrie zu begründen, - man wird es nicht schaffen; man wäre sogar auf den ersten Blick versucht, diese Urteile als analytisch zu betrachten.

51

Im Übrigen, nehmen wir unsere Fiktion der Tiere ohne Dicke wieder auf; wir können kaum annehmen, dass diese Wesen, wenn sie einen wie wir gemachten Geist haben, die euklidische Geometrie annehmen würden, die durch ihre gesamte Erfahrung widerlegt würde?

Sollten wir also zu dem Schluss kommen, dass die Axiome der Geometrie experimentelle Wahrheiten sind? Aber man experimentiert nicht mit idealen Geraden oder Umfängen; das kann man nur mit materiellen Objekten tun. Worauf würden sich also die Experimente beziehen, die als Grundlage für die Geometrie dienen sollen? Die Antwort ist einfach.

Oben haben wir gesehen, dass ständig so argumentiert wird, als würden sich geometrische Figuren wie feste Körper verhalten. Was die Geometrie also von der Erfahrung übernehmen würde, wären die Eigenschaften dieser Körper.

Die Eigenschaften des Lichts und seine geradlinige Ausbreitung waren auch der Anlass, aus dem einige der Sätze der Geometrie und insbesondere der projektiven Geometrie hervorgegangen sind, sodass man in dieser Hinsicht versucht wäre zu sagen, dass die metrische Geometrie das Studium der Festkörper und die projektive Geometrie das des Lichts ist.

Aber eine Schwierigkeit bleibt bestehen, und sie ist unüberwindbar. Wenn die Geometrie eine experimentelle Wissenschaft wäre, wäre sie keine exakte Wissenschaft, sondern müsste ständig revidiert werden. Sie wäre schon heute des Irrtums überführt, da wir wissen, dass es keinen streng unveränderlichen Festkörper gibt.

Geometrische Axiome sind daher weder ästhetische Urteile a priori noch experimentelle Tatsachen.

Sie sind *Konventionen*; unsere Wahl unter allen möglichen Konventionen wird von experimentellen Tatsachen *geleitet*; aber sie bleibt *frei* und wird nur durch die Notwendigkeit begrenzt, jeden Widerspruch zu vermeiden. So können Postulate *streng* wahr bleiben, selbst wenn die experimentellen Gesetze, die ihre Annahme bestimmt haben, nur annähernd zutreffen.

Mit anderen Worten: *Die Axiome der Geometrie* (ich spreche nicht von denen der Arithmetik) *sind nichts anderes als verschleierte Definitionen.*

Was ist also von dieser Frage zu halten: Ist die euklidische Geometrie wahr?

Sie hat keinen Sinn.

Genauso gut könnte man fragen, ob das metrische System wahr und die alten Maße falsch sind; ob die kartesischen Koordinaten wahr und die Polarkoordinaten falsch sind. Eine Geometrie kann nicht wahrer sein als eine andere; sie kann nur bequemer sein.

Nun ist und bleibt die euklidische Geometrie die bequemste:

Die Formeln der sphärischen Trigonometrie sind komplizierter als die der geradlinigen Trigonometrie, und sie würden einem Analytiker, der ihre geometrische Bedeutung nicht kennt, immer noch so erscheinen.

2° Weil sie ziemlich gut mit den Eigenschaften der natürlichen Festkörper übereinstimmt, jener Körper, denen unsere Gliedmaßen und unser Auge nahe kommen und aus denen wir unsere Messinstrumente herstellen.

KAPITEL IV

RAUM UND GEOMETRIE

Beginnen wir mit einem kleinen Paradoxon.

Wesen, deren Geist wie der unsere gemacht ist und die die gleichen Sinne wie wir haben, aber keine vorherige Bildung erhalten haben, könnten von einer angemessen ausgewählten Außenwelt solche Eindrücke erhalten, dass sie dazu gebracht werden, eine andere Geometrie als die euklidische zu konstruieren und die Phänomene dieser Außenwelt in einem nicht-euklidischen Raum oder sogar in einem vierdimensionalen Raum zu lokalisieren.

Für uns, die wir durch unsere heutige Welt erzogen wurden, würde es, wenn wir plötzlich in diese neue Welt versetzt würden, keine Schwierigkeiten bereiten, ihre Phänomene auf unseren euklidischen Raum zu beziehen. Umgekehrt würden diese Wesen, wenn sie zu uns transportiert würden, dazu veranlasst, unsere Phänomene auf den nicht-euklidischen Raum zu beziehen.

Was sage ich: Mit ein wenig Anstrengung könnten wir es auch schaffen. Vielleicht kann sich jemand, der sein ganzes Leben darauf verwendet, die vierte Dimension vorstellen.

DER GEOMETRISCHE RAUM UND DER REPRÄSENTATIVE RAUM

Es wird oft gesagt, dass die Bilder von äußeren Objekten im Raum lokalisiert sind und dass sie sogar nur unter dieser Bedingung entstehen können. Man sagt auch, dass dieser Raum, der so als vorbereiteter *Rahmen* für unsere Empfindungen und Vorstellungen dient, mit dem Raum der Geometer identisch ist und alle seine Eigenschaften besitzt.

Für alle guten Geister, die so denken, muss der vorangegangene Satz sehr außergewöhnlich erscheinen. Wir sollten jedoch prüfen, ob sie nicht einer Illusion unterliegen, die durch eine gründliche Analyse ausgeräumt werden könnte.

Was sind zunächst die Eigenschaften des eigentlichen Raums? Ich meine den Raum, der Gegenstand der Geometrie ist und den ich den *geometrischen Raum* nennen werde. Hier sind einige der wesentlichsten:

1° Es geht weiter ;

2° Er ist unendlich ;

3° Es hat drei Dimensionen;

4° Er ist homogen, d. h. alle seine Punkte sind untereinander identisch ;

5° Es ist isotrop, d. h. alle Geraden, die durch einen Punkt verlaufen, sind untereinander identisch.

Vergleichen wir ihn nun mit dem Rahmen unserer Vorstellungen und Empfindungen, den ich als *repräsentativen Raum* bezeichnen könnte.

DER VISUELLE RAUM

Betrachten wir zunächst einen rein visuellen Eindruck, der durch ein Bild entsteht, das sich auf dem Hintergrund der Netzhaut bildet.

Eine grobe Analyse zeigt uns, dass dieses Bild zwar kontinuierlich ist, aber nur zwei Dimensionen besitzt. Dies unterscheidet bereits vom geometrischen Raum das, was man als *reinen visuellen Raum* bezeichnen kann.

Andererseits ist dieses Bild in einem begrenzten Rahmen eingeschlossen.

Schließlich gibt es noch einen weiteren, nicht weniger wichtigen Unterschied: *Dieser reine visuelle Raum ist nicht homogen.* Nicht alle Punkte auf der Netzhaut, abgesehen von den Bildern, die auf ihnen entstehen können, spielen die gleiche Rolle. Der gelbe Fleck kann nicht als identisch mit einem Punkt am Rand der Netzhaut angesehen werden. In jedem begrenzten Rahmen wird der Punkt in der Mitte des Rahmens nicht als identisch mit einem Punkt in der Nähe des Randes erscheinen.

Eine genauere Analyse würde uns zweifellos zeigen, dass auch diese Kontinuität des visuellen Raums und seine zwei Dimensionen nur eine Illusion sind; sie würde ihn also noch weiter vom geometrischen Raum entfernen, aber überspringen wir diese Bemerkung, deren Konsequenzen in Kapitel II hinreichend untersucht worden sind.

Das Sehen ermöglicht es uns jedoch, Entfernungen zu beurteilen und somit eine dritte Dimension wahrzunehmen. Aber jeder weiß, dass sich die Wahrnehmung der dritten Dimension auf das Gefühl der Akkommodation und der Konvergenz beider Augen reduziert, um ein Objekt deutlich wahrzunehmen.

Dies sind ganz andere Muskelempfindungen als die visuellen Empfindungen, die uns die Vorstellung von den ersten beiden Dimensionen vermittelt haben. Die dritte Dimension wird uns daher nicht so erscheinen, als spiele sie die gleiche Rolle wie die beiden anderen. Das, was man als *vollständigen visuellen Raum* bezeichnen kann, ist also kein isotroper Raum.

Das bedeutet, dass die Elemente unserer visuellen Empfindungen (zumindest diejenigen, die zur Bildung des Begriffs der Ausdehnung beitragen) vollständig definiert sein werden, wenn wir drei von ihnen kennen; um die Sprache der Mathematik zu verwenden, werden sie Funktionen von drei unabhängigen Variablen sein.

Aber lassen Sie uns die Sache etwas genauer betrachten. Die dritte Dimension wird uns auf zwei verschiedene Arten offenbart: durch die Akkommodationsbemühung und durch die Konvergenz der Augen.

Oder wir können, um einen Rückgriff auf bereits ziemlich verfeinerte mathematische Begriffe zu vermeiden, zur Sprache von Kapitel II zurückkehren und die gleiche Tatsache wie folgt formulieren: Wenn zwei Konvergenzempfindungen A und B ununterscheidbar sind, sind auch die beiden Akkommodationsempfindungen A' und B', die sie jeweils begleiten, ununterscheidbar.

Aber das ist sozusagen eine experimentelle Tatsache; nichts hindert uns *a priori daran,* das Gegenteil anzunehmen, und wenn das Gegenteil eintritt, wenn diese beiden Muskelempfindungen unabhängig voneinander variieren, müssen wir eine weitere unabhängige Variable berücksichtigen, und der gesamte visuelle Raum wird uns als ein vierdimensionales physikalisches Kontinuum erscheinen.

Dies ist, wie ich hinzufügen möchte, eine Tatsache der äußeren Erfahrung. Es spricht nichts dagegen, anzunehmen, dass ein Wesen, dessen Geist wie wir ist und das die gleichen Sinnesorgane wie wir hat, in eine Welt versetzt wird, in der das Licht erst dann zu ihm gelangt, wenn es durch kompliziert geformte, lichtbrechende Medien hindurchgegangen ist. Die beiden Angaben, die wir zur Beurteilung von Entfernungen verwenden, würden nicht mehr in einer konstanten Beziehung zueinander stehen. Ein Mensch, der in einer solchen Welt seine Sinne schulen würde, würde dem vollständigen visuellen Raum zweifellos vier Dimensionen zuordnen.

DER TAKTILE UND DER MOTORISCHE RAUM

Der "taktile Raum" ist noch komplizierter als der visuelle Raum und entfernt sich weiter vom geometrischen Raum. Es ist nicht nötig, für den Tastsinn die Diskussion zu wiederholen, die ich für den Sehsinn geführt habe.

Aber neben dem Seh- und Tastsinn gibt es noch andere Empfindungen, die genauso viel und mehr zur Entstehung des Raumbegriffs beitragen wie diese. Es sind die allseits bekannten Empfindungen, die alle unsere Bewegungen begleiten und die wir gewöhnlich als Muskeln bezeichnen.

Der entsprechende Rahmen bildet das, was man als *Motorraum* bezeichnen kann.

Jeder Muskel erzeugt eine spezielle Empfindung, die sich steigern oder verringern kann, sodass die Gesamtheit unserer Muskelempfindungen von so vielen Variablen abhängt, wie wir Muskeln haben. Aus dieser Sicht *hätte der motorische Raum so viele Dimensionen, wie wir Muskeln haben.*

Ich weiß, dass man sagen wird, dass Muskelempfindungen nur deshalb zur Bildung des Raumbegriffs beitragen, weil wir bei jeder Bewegung ein Gefühl für die Richtung haben und dieses Gefühl ein integraler Bestandteil der Empfindung ist. Wenn das so wäre, wenn eine Muskelempfindung nur zusammen mit diesem geometrischen Gefühl für die *Richtung* entstehen könnte, dann wäre der geometrische Raum tatsächlich eine Form, die unserem Empfinden aufgezwungen wird.

Aber das ist es, was ich überhaupt nicht wahrnehme, wenn ich meine Empfindungen analysiere.

Was ich sehe, ist, dass die Empfindungen, die Bewegungen mit derselben Richtung entsprechen, in meinem Geist durch eine einfache *Assoziation von Ideen* verbunden sind. Auf diese Assoziation lässt sich das zurückführen, was wir als "Gefühl der Richtung" bezeichnen. Dieses

Gefühl kann also nicht in einer einzelnen Empfindung wiedergefunden werden.

Diese Assoziation ist äußerst komplex, da die Kontraktion ein und desselben Muskels je nach Stellung der Gliedmaßen Bewegungen in ganz unterschiedliche Richtungen entsprechen kann.

Sie ist übrigens offensichtlich erworben; sie ist, wie alle Assoziationen von Ideen, das Ergebnis einer Gewohnheit; diese Gewohnheit selbst ist das Ergebnis sehr zahlreicher Erfahrungen; zweifellos wären, wenn die Erziehung unserer Sinne in einer anderen Umgebung stattgefunden hätte, in der wir anderen Eindrücken ausgesetzt gewesen wären, entgegengesetzte Gewohnheiten entstanden und unsere Muskelempfindungen hätten sich nach anderen Gesetzen assoziiert.

ZEICHEN DES REPRÄSENTATIVEN RAUMS

So unterscheidet sich der repräsentative Raum in seiner dreifachen Form - visuell, taktil und motorisch - wesentlich vom geometrischen Raum.

Es ist weder homogen noch isotrop; man kann nicht einmal sagen, dass es drei Dimensionen hat.

Es wird oft gesagt, dass wir die Objekte unserer äußeren Wahrnehmung in den geometrischen Raum projizieren; dass wir sie "lokalisieren".

Hat das einen Sinn und welchen Sinn hat es?

Bedeutet dies, dass wir uns die äußeren Objekte im geometrischen Raum *vorstellen*?

Unsere Vorstellungen sind lediglich die Reproduktion unserer Empfindungen, sie können daher nur in denselben Rahmen wie diese eingeordnet werden, d. h. in den repräsentativen Raum.

Es ist uns genauso unmöglich, uns äußere Körper im geometrischen Raum vorzustellen, wie es einem Maler unmöglich ist, auf einem ebenen Bild Gegenstände mit ihren drei Dimensionen zu malen.

Der darstellende Raum ist nur ein Bild des geometrischen Raums, ein Bild, das durch eine Art Perspektive verzerrt wird, und wir können uns Gegenstände nur vorstellen, indem wir sie nach den Gesetzen dieser Perspektive biegen.

Wir *stellen uns* also die äußeren Körper nicht im geometrischen Raum *vor,* sondern argumentieren über diese Körper, als ob sie sich im geometrischen Raum befänden.

Wenn wir andererseits sagen, dass wir ein bestimmtes Objekt an einem bestimmten Punkt im Raum "lokalisieren", was bedeutet das?

Das bedeutet lediglich, dass wir uns die Bewegungen vorstellen, die nötig sind, um dieses Objekt zu erreichen; und niemand soll sagen, dass man, um sich diese Bewegungen vorzustellen, sie selbst in den Raum projizieren muss und dass der Begriff des Raums folglich schon vorher existieren muss.

Wenn ich sage, dass wir uns diese Bewegungen vorstellen, meine ich nur, dass wir uns die begleitenden Muskelempfindungen vorstellen, die keinen geometrischen Charakter haben und folglich keineswegs die Präexistenz des Raumbegriffs implizieren.

ZUSTANDSÄNDERUNGEN UND POSITIONSWECHSEL

Aber, so wird man fragen, wenn sich die Idee des geometrischen Raums unserem Geist nicht aufdrängt, wenn andererseits keine unserer Empfindungen sie uns liefern kann, wie konnte sie dann entstehen?

Das ist es, was wir jetzt zu untersuchen haben, und es wird uns einige Zeit kosten, aber ich kann den Erklärungsversuch, den ich entwickeln werde, in wenigen Worten zusammenfassen.

Keine unserer Empfindungen hätte uns isoliert betrachtet zur Idee des Raumes führen können, wir werden erst dazu gebracht, wenn wir die Gesetze studieren, nach denen diese Empfindungen aufeinander folgen.

Zunächst sehen wir, dass unsere Eindrücke Veränderungen unterliegen; doch unter den Veränderungen, die wir feststellen, werden wir bald dazu veranlasst, eine Unterscheidung zu treffen.

Manchmal sagen wir, dass die Objekte, die die Ursachen für diese Eindrücke sind, ihren Zustand verändert haben, manchmal sagen wir, dass sie ihre Position verändert haben, dass sie sich nur verschoben haben.

Ob ein Objekt seinen Zustand oder nur seine Position ändert, für uns äußert sich das immer auf die gleiche Weise: *durch eine Veränderung in einem Satz von Eindrücken.*

Wie konnten wir also dazu gebracht werden, sie zu unterscheiden? Das lässt sich leicht feststellen. Wenn sich nur die Position geändert hat, können wir den ursprünglichen Satz von Eindrücken wiederherstellen, indem wir Bewegungen ausführen, die uns gegenüber dem beweglichen Objekt wieder in dieselbe relative Situation versetzen. Auf diese Weise korrigieren wir die eingetretene Veränderung und stellen den ursprünglichen Zustand durch eine umgekehrte Veränderung wieder her.

Wenn es sich zum Beispiel um das Sehen handelt und sich ein Gegenstand vor unserem Auge bewegt, können wir ihn "mit dem Auge verfolgen" und sein Bild durch entsprechende Bewegungen des Augapfels an ein und demselben Punkt auf der Netzhaut halten.

Diese Bewegungen sind uns bewusst, weil sie freiwillig sind und weil sie von Muskelempfindungen begleitet werden, aber das bedeutet nicht, dass wir sie uns im geometrischen Raum vorstellen.

Was also die Positionsänderung kennzeichnet, was sie von der Zustandsänderung unterscheidet, ist, dass sie durch dieses Mittel *korrigiert* werden kann.

Es kann also passieren, dass man auf zwei verschiedene Arten von der Druckmenge A zur Druckmenge B gelangt:

1° unwillkürlich und ohne Muskelempfindungen, das passiert, wenn es das Objekt ist, das sich bewegt ;

2° willentlich und mit Muskelempfindungen geschieht dies, wenn das Objekt unbeweglich ist, wir uns aber bewegen, sodass das Objekt im Verhältnis zu uns eine Relativbewegung hat.

Wenn das so ist, ist der Wechsel von Menge A zu Menge B nur ein Positionswechsel.

Daraus ergibt sich, dass der Seh- und Tastsinn uns ohne die Hilfe des "Muskelsinns" keine Vorstellung von Raum hätte vermitteln können.

Nicht nur, dass diese Vorstellung nicht aus einer einzelnen Empfindung, sondern *aus einer Reihe von Empfindungen* abgeleitet werden konnte, ein *unbewegliches* Wesen hätte sie auch niemals erwerben können, da es nicht in der Lage gewesen wäre, durch seine Bewegungen die Auswirkungen der Positionsänderungen der äußeren Objekte zu *korrigieren, und somit* keinen

Grund gehabt hätte, diese von Zustandsänderungen zu unterscheiden. Es hätte sie auch nicht erwerben können, wenn seine Bewegungen nicht willentlich oder von irgendwelchen Empfindungen begleitet gewesen wären.

AUSGLEICHSBEDINGUNGEN

Wie ist eine solche Kompensation möglich, so dass zwei Veränderungen, die übrigens unabhängig voneinander sind, sich gegenseitig korrigieren?

Ein Geist, der *die Geometrie bereits kennt,* würde wie folgt argumentieren:

Damit es zu einem Ausgleich kommt, müssen sich die verschiedenen Teile des äußeren Objekts einerseits und die verschiedenen Organe unserer Sinne andererseits nach der doppelten Veränderung in der gleichen relativen Position befinden. Dazu müssen die verschiedenen Teile des äußeren Objekts auch im Verhältnis zueinander dieselbe relative Position beibehalten haben, und das Gleiche gilt für die verschiedenen Teile unseres Körpers im Verhältnis zueinander.

Mit anderen Worten: Das äußere Objekt muss sich in der ersten Veränderung wie ein unveränderlicher Festkörper bewegen, und das Gleiche muss für unseren gesamten Körper in der zweiten Veränderung gelten, die die erste korrigiert.

Unter diesen Bedingungen kann es zu einer Kompensation kommen.

Aber wir, *die wir noch keine Geometrie kennen,* da für uns der Begriff des Raums noch nicht geformt ist, können nicht so argumentieren, wir können nicht a priori vorhersehen, ob eine Kompensation möglich ist. Die Erfahrung lehrt uns jedoch, dass sie manchmal stattfindet, und von dieser experimentellen Tatsache gehen wir aus, um zwischen Zustands- und Positionsänderungen zu unterscheiden.

FESTE KÖRPER UND GEOMETRIE

Unter den Objekten, die uns umgeben, gibt es einige, die sich häufig bewegen und durch eine *entsprechende* Bewegung unseres eigenen Körpers korrigiert werden können: *feste Körper.*

Andere Objekte, die in ihrer Form veränderlich sind, erfahren nur in Ausnahmefällen ähnliche Verschiebungen (Positionsänderung ohne Formänderung). Wenn ein Körper sich verformt hat, können wir die Sinnesorgane nicht mehr durch geeignete Bewegungen in die gleiche relative Lage zu diesem Körper zurückversetzen.

Erst später und aufgrund neuer Erfahrungen lernen wir, Körper mit variabler Form in kleinere Elemente zu zerlegen, so dass sich jedes von ihnen ungefähr nach denselben Gesetzen bewegt wie feste Körper. So unterscheiden wir "Deformationen" von anderen Zustandsänderungen; bei diesen Deformationen erfährt jedes Element eine einfache Positionsänderung, die korrigiert werden kann, aber die Veränderung, die das Ganze erfährt, ist tiefgreifender und kann nicht mehr durch eine korrelative Bewegung korrigiert werden.

Ein solcher Begriff ist bereits sehr komplex und kann erst relativ spät entstanden sein; er hätte auch nicht entstehen können, wenn uns die Beobachtung fester Körper nicht bereits gelehrt hätte, zwischen Positionsänderungen zu unterscheiden.

Wenn es also in der Natur keine festen Körper gäbe, gäbe es auch keine Geometrie.

Eine weitere Bemerkung verdient ebenfalls einen Moment der Aufmerksamkeit. Nehmen wir einen festen Körper an, der zunächst die Position α einnimmt und dann in die Position β übergeht; in seiner ersten Position wird er auf uns den Satz von Eindrücken A verursachen, in seiner zweiten Position den Satz von Eindrücken B. Nun sei ein zweiter fester Körper vorhanden, der völlig andere Eigenschaften als der erste hat, z. B. eine andere Farbe. Nehmen wir weiter an, er bewege sich von der Position α, wo er auf uns die Menge der Eindrücke A' verursacht, zur Position β, wo er auf uns die Menge der Eindrücke B' verursacht.

Im Allgemeinen wird die Menge A nichts mit der Menge A' und die Menge B nichts mit der Menge B' gemeinsam haben. Der Wechsel von Menge A zu Menge B und der Wechsel von Menge A' zu Menge B' sind also zwei Veränderungen, die an sich in der Regel nichts miteinander zu tun haben.

Und doch betrachten wir diese beiden Veränderungen beide als Verschiebungen, und besser noch, wir betrachten sie als dieselbe Verschiebung. Wie kommt es dazu?

Das liegt einfach daran, dass beide durch die *gleiche* korrelative Bewegung unseres Körpers korrigiert werden können.

Es ist also die "korrelative Bewegung", die die einzige Verbindung zwischen zwei Phänomenen darstellt, die wir sonst nie in Erwägung gezogen hätten, einander anzunähern.

Andererseits kann unser Körper dank der Anzahl seiner Gelenke und Muskeln eine Vielzahl verschiedener Bewegungen ausführen; aber nicht alle sind in der Lage, eine Veränderung der äußeren Objekte zu "korrigieren"; nur jene werden dazu in der Lage sein, bei denen unser ganzer Körper oder zumindest alle beteiligten Sinnesorgane sich wie ein Ganzes bewegen, d. h. ohne dass sich ihre relativen Positionen ändern, wie bei einem festen Körper.

Zusammengefasst:

1° Wir werden zunächst dazu veranlasst, zwei Kategorien von Phänomenen zu unterscheiden:

Die einen sind unwillkürlich, nicht von Muskelempfindungen begleitet und werden von uns den äußeren Objekten zugeschrieben; sie sind die äußeren Veränderungen.

Die anderen, deren Charaktere entgegengesetzt sind und die wir den Bewegungen unseres eigenen Körpers zuschreiben, sind die inneren Veränderungen.

2° Wir stellen fest, dass bestimmte Veränderungen in jeder dieser Kategorien durch eine korrelative Veränderung in der anderen Kategorie korrigiert werden können.

3° Wir unterscheiden unter den äußeren Veränderungen diejenigen, die somit ein Korrelativ in der anderen Kategorie haben, das nennen wir Verschiebungen; und ebenso unterscheiden wir unter den inneren Veränderungen diejenigen, die ein Korrelativ in der ersten Kategorie haben.

So wird dank dieser Reziprozität eine besondere Klasse von Phänomenen definiert, die wir als Verschiebungen bezeichnen. *Es sind die Gesetze dieser Phänomene, die Gegenstand der Geometrie sind.*

HOMOGENITÄTSGESETZ

Das erste dieser Gesetze ist das der Homogenität.

Nehmen wir an, dass wir durch eine äußere Veränderung α von der Menge der Eindrücke A zur Menge B gelangen, und dass diese Veränderung α dann durch eine willentliche korrelative Bewegung β korrigiert wird, und zwar so, dass wir zur Menge A zurückgeführt werden.

Nehmen wir nun an, dass eine weitere externe Veränderung α' uns wieder von Menge A zu Menge B bringt.

Die Erfahrung lehrt uns dann, dass diese Veränderung α' wie α durch eine korrelative willentliche Bewegung β' korrigiert werden kann und dass diese Bewegung β' denselben Muskelempfindungen entspricht wie die Bewegung β, *die* α korrigierte.

Diese Tatsache wird gewöhnlich als *homogener und isotroper Raum bezeichnet*.

Man kann auch sagen, dass eine Bewegung, die einmal stattgefunden hat, sich ein zweites Mal, ein drittes Mal und so weiter wiederholen kann, ohne dass sich ihre Eigenschaften ändern.

Im ersten Kapitel, in dem wir das Wesen der mathematischen Argumentation untersucht haben, haben wir gesehen, welche Bedeutung man der Möglichkeit, ein und dieselbe Operation unendlich oft zu wiederholen, beimessen muss.

Aus dieser Wiederholung bezieht die mathematische Argumentation ihre Tugend; es ist also dank des Gesetzes der Homogenität, dass sie die geometrischen Tatsachen in den Griff bekommt.

Der Vollständigkeit halber sollte man dem Gesetz der Homogenität noch eine ganze Reihe weiterer ähnlicher Gesetze hinzufügen, auf deren Einzelheiten ich hier nicht eingehen möchte, die Mathematiker aber mit einem Wort zusammenfassen, indem sie sagen, dass Verschiebungen "eine Gruppe" bilden.

DIE NICHTEUKLIDISCHE WELT

Wenn der geometrische Raum ein Rahmen wäre, der jeder unserer Vorstellungen einzeln betrachtet auferlegt ist, wäre es unmöglich, sich ein Bild ohne diesen Rahmen vorzustellen, und wir könnten nichts an unserer Geometrie ändern.

Die Geometrie ist nur eine Zusammenfassung der Gesetze, nach denen diese Bilder *aufeinander folgen*. Es gibt also nichts, was uns daran hindert, uns eine Reihe von Vorstellungen vorzustellen, die in jeder Hinsicht unseren gewöhnlichen Vorstellungen ähneln, die aber nach anderen Gesetzen aufeinander folgen, als wir es gewohnt sind.

Man kann sich also vorstellen, dass Wesen, die in einer Umgebung erzogen werden, in der diese Gesetze auf diese Weise umgestoßen werden, eine Geometrie haben könnten, die sich stark von der unseren unterscheidet.

Nehmen wir zum Beispiel eine Welt an, die in einer großen Kugel eingeschlossen ist und den folgenden Gesetzen unterliegt:

Die Temperatur ist nicht gleichmäßig; sie ist in der Mitte am höchsten und sinkt, je weiter man sich von ihr entfernt, bis sie auf den absoluten Nullpunkt sinkt, wenn man die Sphäre erreicht, in der diese Welt eingeschlossen ist.

Ich möchte das Gesetz, nach dem diese Temperatur variiert, noch genauer erläutern. R ist der Radius der Grenzkugel; *r ist* der Abstand des betrachteten Punktes vom Mittelpunkt dieser Kugel. Die absolute Temperatur ist proportional zu $R^2 - r^2$.

Außerdem werde ich annehmen, dass in dieser Welt alle Körper denselben Ausdehnungskoeffizienten haben, sodass die Länge eines beliebigen Lineals proportional zu seiner absoluten Temperatur ist.

Schließlich nehme ich an, dass ein Gegenstand, der von einem Punkt zu einem anderen mit einer anderen Temperatur transportiert wird, sich sofort in ein Wärmegleichgewicht mit seiner neuen Umgebung begibt.

Nichts an diesen Annahmen ist widersprüchlich oder unvorstellbar.

Ein bewegliches Objekt wird dann immer kleiner, je näher man sich der Grenzkugel nähert.

Beachten wir zunächst, dass diese Welt, wenn sie aus der Sicht unserer üblichen Geometrie begrenzt ist, ihren Bewohnern unendlich erscheinen wird.

Wenn diese sich nämlich der Grenzsphäre nähern wollen, kühlen sie sich ab und werden immer kleiner. Die Schritte, die sie machen, werden also auch immer kleiner, sodass sie die Grenzsphäre nie erreichen können.

Wenn für uns die Geometrie nur das Studium der Gesetze ist, nach denen sich unveränderliche Festkörper bewegen, dann ist es für diese imaginären Wesen das Studium der Gesetze, nach denen sich Festkörper bewegen, die *durch die* erwähnten *Temperaturunterschiede verformt werden.*

Zweifellos erfahren auch die natürlichen Festkörper in unserer Welt Form- und Volumenänderungen, die auf Erwärmung oder Abkühlung zurückzuführen sind. Sie sind nicht nur sehr klein, sondern auch unregelmäßig und erscheinen uns daher zufällig.

In dieser hypothetischen Welt wäre das nicht mehr so, und diese Variationen würden regelmäßigen und sehr einfachen Gesetzen folgen.

Andererseits würden die verschiedenen festen Teile, aus denen sich der Körper seiner Bewohner zusammensetzen würde, die gleichen Veränderungen in Form und Volumen erfahren.

Ich werde noch eine weitere Hypothese aufstellen; ich werde annehmen, dass das Licht durch unterschiedlich brechende Medien hindurchgeht und zwar so, dass der Brechungsindex umgekehrt proportional zu $R^2 - r^2$ ist. Es ist leicht zu erkennen, dass die Lichtstrahlen unter diesen Bedingungen nicht geradlinig, sondern kreisförmig verlaufen würden.

Um das oben Gesagte zu begründen, muss ich noch zeigen, dass bestimmte Veränderungen in der Position der äußeren Objekte durch korrelative Bewegungen der fühlenden Wesen, die diese imaginäre Welt bewohnen, korrigiert werden können; und zwar so, dass die ursprüngliche Gesamtheit der Eindrücke, die diese fühlenden Wesen erlitten haben, wiederhergestellt wird.

Angenommen, ein Objekt bewegt sich und verformt sich dabei nicht wie ein unveränderlicher Festkörper, sondern wie ein Festkörper, der ungleichmäßige Ausdehnungen erfährt, die genau dem Temperaturgesetz entsprechen, das ich oben angenommen habe. Um die Sprache zu verkürzen, möchte ich eine solche Bewegung als *nicht-euklidische Verschiebung* bezeichnen.

Wenn sich ein fühlendes Wesen in der Nähe befindet, werden seine Eindrücke durch die Bewegung des Objekts verändert, aber es kann sie wiederherstellen, indem es sich selbst in geeigneter Weise bewegt, es genügt, dass schließlich die Gesamtheit des Objekts und des fühlenden Wesens, als einen einzigen Körper betrachtet, eine dieser besonderen Bewegungen erfahren hat, die ich gerade als nicht-euklidisch bezeichnet habe. Dies ist möglich, wenn man annimmt, dass sich die Glieder dieser Wesen nach demselben Gesetz ausdehnen wie die anderen Körper der Welt, die sie bewohnen.

Obwohl sich die Körper in unserer gewohnten Geometrie bei dieser Bewegung verformt haben und ihre verschiedenen Teile nicht mehr in derselben relativen Lage sind, werden wir dennoch sehen, dass die Eindrücke des fühlenden Wesens wieder dieselben geworden sind.

Denn auch wenn die gegenseitigen Abstände der verschiedenen Teile variiert haben mögen, so sind doch die Teile, die sich ursprünglich berührten, wieder in Kontakt gekommen. Das bedeutet, dass sich die taktilen Eindrücke nicht verändert haben.

Andererseits werden unter Berücksichtigung der oben gemachten Annahme über die Brechung und Krümmung der Lichtstrahlen auch die visuellen Eindrücke gleich geblieben sein.

Diese imaginären Wesen werden also wie wir dazu veranlasst, die Phänomene, deren Zeugen sie sind, zu klassifizieren und unter ihnen die "Positionsänderungen" zu unterscheiden, die durch eine entsprechende willentliche Bewegung korrigiert werden können.

Wenn sie eine Geometrie begründen, wird es nicht wie bei uns das Studium der Bewegungen unserer unveränderlichen Festkörper sein; es wird das Studium der Positionsänderungen sein, die sie auf diese Weise unterschieden haben und die nichts anderes sind als "nichteuklidische Verschiebungen", es wird die nichteuklidische *Geometrie* sein.

So hätten Wesen wie wir, die in einer solchen Welt erzogen würden, nicht die gleiche Geometrie wie wir.

DIE VIERDIMENSIONALE WELT

Ebenso wie eine nicht-euklidische Welt kann man sich auch eine vierdimensionale Welt vorstellen.

Der Sehsinn, selbst mit nur einem Auge, könnte zusammen mit den Muskelempfindungen, die sich auf die Bewegungen des Augapfels beziehen, ausreichen, um uns den dreidimensionalen Raum zu vermitteln.

Die Bilder von äußeren Objekten werden auf die Netzhaut gemalt, die ein zweidimensionales Bild ist; das sind *Perspektiven*.

Da diese Objekte aber beweglich sind, wie auch unser Auge, sehen wir nacheinander verschiedene Perspektiven auf ein und denselben Körper, die von vielen verschiedenen Standpunkten aus eingenommen werden.

Gleichzeitig stellen wir fest, dass der Wechsel von einer Perspektive in eine andere häufig von Muskelgefühlen begleitet wird.

Wenn der Wechsel von Perspektive A zu Perspektive B und von Perspektive A' zu Perspektive B' von denselben Muskelempfindungen begleitet wird, rücken wir sie als Vorgänge gleicher Art näher zusammen.

Wenn wir dann die Gesetze untersuchen, nach denen diese Operationen kombiniert werden, erkennen wir, dass sie eine Gruppe bilden, die die gleiche Struktur hat wie die Bewegungen der unveränderlichen Festkörper.

Nun haben wir gesehen, dass wir aus den Eigenschaften dieser Gruppe den Begriff des geometrischen Raums und den Begriff der drei Dimensionen abgeleitet haben.

So verstehen wir, wie die Idee eines dreidimensionalen Raums aus dem Anblick dieser Perspektiven entstehen konnte, obwohl jede von ihnen nur zwei Dimensionen hat, weil sie nach bestimmten Gesetzen aufeinander folgen.

Nun, so wie man auf einer Ebene eine dreidimensionale Figur perspektivisch darstellen kann, kann man auf einer drei- (oder zwei-) dimensionalen Tabelle eine vierdimensionale Figur perspektivisch darstellen. Das ist nur ein Spiel für den Geometer.

Man kann sogar von ein und derselben Figur mehrere Perspektiven aus verschiedenen Blickwinkeln einnehmen.

Wir können uns diese Perspektiven leicht vorstellen, da sie nur drei Dimensionen haben.

Stellen wir uns vor, dass die verschiedenen Perspektiven auf ein und dasselbe Objekt aufeinander folgen; dass der Übergang von der einen zur anderen von Muskelempfindungen begleitet wird.

Zwei dieser Passagen werden natürlich als zwei gleichartige Vorgänge betrachtet, wenn sie mit denselben Muskelempfindungen in Verbindung gebracht werden.

Es ist also nicht unmöglich, sich vorzustellen, dass diese Operationen nach einem beliebigen Gesetz kombiniert werden, z. B. um eine Gruppe zu bilden, die die gleiche Struktur hat wie die Bewegungen eines unveränderlichen vierdimensionalen Festkörpers.

Es gibt nichts, was wir uns nicht vorstellen können, und doch sind diese Empfindungen genau das, was ein Wesen mit einer zweidimensionalen

Netzhaut empfinden würde, das sich im vierdimensionalen Raum bewegen kann.

In diesem Sinne kann man sagen, dass man sich die vierte Dimension vorstellen könnte.

Es wäre nicht möglich, sich auf diese Weise den Raum von Herrn Hilbert vorzustellen, den wir im vorherigen Kapitel besprochen haben, weil dieser Raum kein Kontinuum zweiter Ordnung mehr ist. Er unterscheidet sich daher viel zu tief von unserem gewöhnlichen Raum.

SCHLUSSFOLGERUNGEN

Man sieht, dass das Experiment eine unverzichtbare Rolle bei der Entstehung der Geometrie spielt; es wäre jedoch ein Fehler, daraus zu schließen, dass die Geometrie auch nur teilweise eine experimentelle Wissenschaft ist.

Wenn sie experimentell wäre, wäre sie nur annähernd und vorläufig. Und was für eine grobe Annäherung!

Die Geometrie wäre nur das Studium der Bewegungen von Festkörpern; aber sie befasst sich in Wirklichkeit nicht mit natürlichen Festkörpern, sondern hat bestimmte ideale, absolut unveränderliche Festkörper zum Gegenstand, die nur ein vereinfachtes und weit entferntes Bild von ihnen sind.

Die Vorstellung von diesen idealen Körpern wird aus unserem Geist herausgezogen und die Erfahrung ist nur eine Gelegenheit, die uns verpflichtet, sie aus ihr herauszuholen.

Der Gegenstand der Geometrie ist die Untersuchung einer bestimmten "Gruppe"; doch der allgemeine Begriff der Gruppe existiert in unserem Geist zumindest in der Potenz bereits vorher. Er drängt sich uns auf, nicht als Form unseres Empfindens, sondern als Form unseres Verständnisses.

Nur müssen wir unter allen möglichen Gruppen eine auswählen, die sozusagen der *Maßstab* sein wird, auf den wir die Naturphänomene beziehen.

Die Erfahrung leitet uns bei dieser Wahl, die sie uns nicht aufzwingt; sie lässt uns nicht erkennen, welche Geometrie die wahrste, sondern welche die bequemste ist.

Es fällt auf, dass ich die Fantasiewelten, die ich mir oben vorgestellt habe, beschreiben konnte, *ohne aufzuhören, die Sprache der gewöhnlichen Geometrie zu verwenden.*

Und in der Tat müssten wir es nicht ändern, wenn wir dorthin transportiert würden.

Menschen, die hier erzogen werden, würden es wahrscheinlich bequemer finden, eine andere Geometrie als die unsere zu erschaffen, die besser zu ihren Eindrücken passt. Wir selbst würden es angesichts der gleichen Eindrücke sicher bequemer finden, unsere Gewohnheiten nicht zu ändern.

KAPITEL V

ERFAHRUNG UND GEOMETRIE

1. - In den vorangegangenen Zeilen habe ich bereits verschiedentlich versucht zu zeigen, dass die Prinzipien der Geometrie keine experimentellen Tatsachen sind und dass insbesondere Euklids Postulatum nicht durch Erfahrung bewiesen werden kann.

Wie überzeugend mir die bereits genannten Gründe auch erscheinen mögen, ich glaube, ich muss darauf bestehen, weil es sich hierbei um eine falsche Vorstellung handelt, die in vielen Köpfen tief verwurzelt ist.

2. - Wenn man einen materiellen Kreis herstellt, seinen Radius und seinen Umfang misst und zu sehen versucht, ob das Verhältnis dieser beiden Längen gleich π ist, was hat man dann getan? Man wird ein Experiment gemacht haben, nicht mit den Eigenschaften des Raums, sondern mit den Eigenschaften des Materials, aus dem man dieses Rund gemacht hat, und des Materials, aus dem das Maßband gemacht ist, das für die Messungen verwendet wurde.

3. - Geometrie und Astronomie. - Die Frage wurde auch auf andere Weise gestellt. Wenn Lobatschewskis Geometrie wahr ist, wird die Parallaxe eines sehr weit entfernten Sterns endlich sein; wenn Riemanns Geometrie wahr ist, wird sie negativ sein. Dies sind Ergebnisse, die dem Experiment zugänglich zu sein scheinen, und man hoffte, dass astronomische Beobachtungen eine Entscheidung zwischen den drei Geometrien ermöglichen könnten.

Aber was in der Astronomie als gerade Linie bezeichnet wird, ist einfach die Bahn des Lichtstrahls. Wenn wir also unmöglicherweise negative Parallaxen entdecken oder beweisen könnten, dass alle Parallaxen über einer bestimmten Grenze liegen, hätten wir die Wahl zwischen zwei Schlussfolgerungen: Wir könnten die euklidische Geometrie aufgeben oder die Gesetze der Optik ändern und zugeben, dass sich das Licht nicht streng geradlinig ausbreitet.

Unnötig hinzuzufügen, dass jeder diese Lösung als vorteilhafter ansehen würde.

Die euklidische Geometrie hat also nichts von neuen Experimenten zu befürchten.

4. - Kann man behaupten, dass bestimmte Phänomene, die im euklidischen Raum möglich sind, im nicht-euklidischen Raum unmöglich sind, so dass die Erfahrung, die diese Phänomene feststellt, direkt der nicht-euklidischen Hypothese widersprechen würde? Für mich kann sich eine solche Frage nicht stellen. Meiner Meinung nach entspricht sie völlig der folgenden, deren Absurdität jedem ins Auge springt: Gibt es Längen, die man in Metern und Zentimetern ausdrücken kann, die man aber nicht in Toisen, Fuß und Zoll messen kann, so dass das Experiment, wenn es die Existenz dieser Längen feststellt, direkt der Hypothese widersprechen würde, dass es Toisen gibt, die in sechs Fuß geteilt sind?

Betrachten wir die Frage etwas genauer. Ich nehme an, dass die gerade Linie im euklidischen Raum zwei beliebige Eigenschaften besitzt, die ich A und B nennen werde; dass sie im nichteuklidischen Raum noch die Eigenschaft A besitzt, aber nicht mehr die Eigenschaft B; ich nehme schließlich an, dass sowohl im euklidischen als auch im nichteuklidischen Raum die gerade Liga die einzige Linie ist, die die Eigenschaft A besitzt.

Wenn dies der Fall wäre, könnte das Experiment geeignet sein, zwischen Euklids und Lobatschewskis Hypothese zu entscheiden. Man würde feststellen, dass ein konkretes, dem Experiment zugängliches Objekt, z. B. ein Pinsel mit Lichtstrahlen, die Eigenschaft A besitzt; man würde daraus schließen, dass es geradlinig ist, und würde dann untersuchen, ob es die Eigenschaft B besitzt oder nicht.

Aber *so ist es nicht,* es gibt keine Eigenschaft, die wie diese Eigenschaft A ein absolutes Kriterium sein kann, um eine gerade Linie zu erkennen und sie von jeder anderen Linie zu unterscheiden.

Würde man zum Beispiel sagen: "Diese Eigenschaft wird wie folgt lauten: Eine gerade Linie ist eine Linie, so dass eine Figur, zu der diese Linie gehört, sich nicht bewegen kann, ohne dass sich die gegenseitigen Abstände ihrer Punkte ändern, und zwar so, dass alle Punkte dieser Linie fixiert bleiben."?

Dies ist in der Tat eine Eigenschaft, die im euklidischen oder nicht-euklidischen Raum der Rechten gehört und nur ihr gehört. Aber wie wird man durch Erfahrung erkennen, ob sie zu diesem oder jenem konkreten Objekt gehört? Man wird Entfernungen messen müssen, und wie wird man wissen, dass die konkrete Größe, die ich mit meinem materiellen Instrument gemessen habe, tatsächlich die abstrakte Entfernung darstellt?

Wir haben die Schwierigkeit nur nach hinten verschoben.

In Wirklichkeit ist die Eigenschaft, die ich soeben genannt habe, keine Eigenschaft der geraden Linie allein, sondern eine Eigenschaft der geraden Linie und der Entfernung. Damit sie als absolutes Kriterium dienen könnte, müsste man nicht nur feststellen können, dass sie nicht auch zu einer anderen Linie als der geraden Linie und der Entfernung gehört, sondern auch, dass sie nicht zu einer anderen Linie als der geraden Linie und zu einer anderen Größe als der Entfernung gehört. Dies ist jedoch nicht wahr.

Es ist also unmöglich, sich eine konkrete Erfahrung vorzustellen, die im euklidischen System interpretiert werden kann und im lobatschewskischen System nicht interpretiert werden kann, sodass ich zu dem Schluss kommen kann:

Kein Experiment wird jemals im Widerspruch zu Euklids Postulat stehen; im Gegensatz dazu wird kein Experiment jemals im Widerspruch zu Lobatchevskys Postulat stehen.

5. Es reicht jedoch nicht aus, dass die euklidische (oder nicht-euklidische) Geometrie niemals direkt durch die Erfahrung widerlegt werden kann. Könnte es nicht sein, dass sie nur dann mit der Erfahrung übereinstimmen kann, wenn sie gegen das Prinzip des zureichenden Grundes und das Prinzip der Relativität des Raumes verstößt?

Ich erkläre es mir so: Betrachten wir ein beliebiges materielles System; wir müssen einerseits den "Zustand" der verschiedenen Körper in diesem System (z. B. ihre Temperatur, ihr elektrisches Potenzial usw.) und andererseits ihre Position im Raum betrachten; und bei den Daten, mit denen wir diese Position definieren können, unterscheiden wir noch zwischen den gegenseitigen Abständen dieser Körper, die ihre relativen Positionen definieren, und den Bedingungen, die die absolute Position des Systems und seine absolute Orientierung im Raum definieren.

Die Gesetze der Phänomene, die in diesem System auftreten werden, können vom Zustand dieser Körper und ihren gegenseitigen Entfernungen abhängen; aufgrund der Relativität und Passivität des Raums werden sie jedoch nicht von der absoluten Position und Orientierung des Systems abhängen.

Mit anderen Worten: Der Zustand der Körper und ihre gegenseitigen Abstände zu einem beliebigen Zeitpunkt hängen nur vom Zustand derselben Körper und ihren gegenseitigen Abständen zum Anfangszeitpunkt ab, aber keineswegs von der anfänglichen absoluten Position des Systems und seiner anfänglichen absoluten Orientierung. Das ist es, was ich, um die Sprache abzukürzen, als *das Relativitätsgesetz* bezeichnen könnte.

Bisher habe ich wie ein euklidischer Geometer gesprochen. Aber ich habe gesagt, dass ein Experiment, welches auch immer es ist, eine Interpretation unter der euklidischen Hypothese beinhaltet; aber es beinhaltet auch eine Interpretation unter der nicht-euklidischen Hypothese. Nun, wir haben eine Reihe von Experimenten durchgeführt, sie unter der euklidischen Hypothese interpretiert und erkannt, dass diese so interpretierten Experimente dieses "Relativitätsgesetz" nicht verletzen.

Wir interpretieren sie nun unter der nicht-euklidischen Hypothese: Das ist immer noch möglich; nur werden die nicht-euklidischen Abstände unserer verschiedenen Körper in dieser neuen Interpretation im Allgemeinen nicht die gleichen sein wie die euklidischen Abstände in der ursprünglichen Interpretation.

Werden unsere Experimente, wenn sie auf diese neue Weise interpretiert werden, immer noch mit unserem "Relativitätsgesetz" übereinstimmen? Und wenn diese Übereinstimmung nicht gegeben wäre, hätten wir dann nicht immer noch das Recht zu sagen, dass die Experimente die Falschheit der nichteuklidischen Geometrie bewiesen haben.

Es ist leicht zu erkennen, dass diese Furcht vergeblich ist; denn um das Relativitätsgesetz mit aller Strenge anwenden zu können, muss man es auf das gesamte Universum anwenden. Denn wenn man nur einen Teil dieses Universums betrachtet und die absolute Position dieses Teils variiert, würden sich auch die Entfernungen zu den anderen Körpern des Universums verändern, ihr Einfluss auf den betrachteten Teil des Universums könnte folglich zunehmen oder abnehmen, was wiederum die Gesetze der dort stattfindenden Phänomene verändern könnte.

Wenn unser System jedoch das gesamte Universum ist, ist die Erfahrung machtlos, uns über seine absolute Position und Ausrichtung im Raum zu informieren. Alles, was unsere Instrumente, so gut sie auch sein mögen, uns mitteilen können, ist der Zustand der verschiedenen Teile des Universums und ihre Entfernungen zueinander.

Somit kann unser Relativitätsgesetz folgendermaßen lauten:

Die Ablesungen, die wir auf unseren Instrumenten zu irgendeinem Zeitpunkt vornehmen können, hängen nur von den Ablesungen ab, die wir auf denselben Instrumenten zum Anfangszeitpunkt hätten vornehmen können.

Eine solche Aussage ist jedoch unabhängig von der Interpretation der Experimente. Wenn das Gesetz in der euklidischen Interpretation wahr ist, wird es auch in der nicht-euklidischen Interpretation wahr sein.

Diesbezüglich sei mir ein kleiner Exkurs gestattet. Ich hätte dann zwischen der Geschwindigkeit, mit der sich die gegenseitigen Abstände der verschiedenen Körper ändern, und der Translations- und Rotationsgeschwindigkeit des Systems unterscheiden müssen, d. h. der Geschwindigkeit, mit der sich seine absolute Position und Orientierung ändern.

Um den Geist vollständig zufrieden zu stellen, hätte das Relativitätsgesetz folgendermaßen lauten müssen:

Der Zustand der Körper und ihre Abstände zueinander zu einem beliebigen Zeitpunkt sowie die Geschwindigkeiten, mit denen sich diese Abstände zu diesem Zeitpunkt ändern, hängen nur vom Zustand dieser Körper und ihren Abständen zueinander zum Anfangszeitpunkt ab sowie von den Geschwindigkeiten, mit denen sich diese Abstände zu diesem Anfangszeitpunkt änderten, aber sie hängen weder von der anfänglichen absoluten Position des Systems noch von seiner absoluten Orientierung oder den Geschwindigkeiten ab, mit denen sich diese absolute Position und Orientierung zum Anfangszeitpunkt änderten.

Leider stimmt das so formulierte Gesetz nicht mit den Erfahrungen überein, zumindest nicht so, wie sie gewöhnlich interpretiert werden.

Ein Mensch wird auf einen Planeten gebracht, dessen Himmel ständig von einem dichten Wolkenvorhang bedeckt ist, so dass man die anderen Gestirne nie sehen kann; auf diesem Planeten lebt man so, als ob er isoliert im Raum stünde. Dieser Mensch könnte jedoch feststellen, dass er sich dreht, indem er entweder die Abplattung misst (was normalerweise mithilfe astronomischer Beobachtungen geschieht, aber auch mit rein geodätischen Mitteln möglich wäre) oder indem er das Experiment mit dem Foucaultschen Pendel wiederholt. Die absolute Rotation dieses Planeten könnte somit nachgewiesen werden.

Dies ist eine Tatsache, die den Philosophen schockiert, die der Physiker aber gezwungenermaßen akzeptieren muss.

Es ist bekannt, dass Newton aus dieser Tatsache auf die Existenz des absoluten Raums geschlossen hat; ich kann diese Betrachtungsweise in keiner Weise übernehmen und werde im dritten Teil erklären, warum. Vorerst wollte ich diese Schwierigkeit nicht ansprechen.

Ich musste mich also bei der Formulierung des Relativitätsgesetzes damit abfinden, Geschwindigkeiten aller Art unter den Daten, die den Zustand von Körpern definieren, durcheinander zu bringen.

Wie dem auch sei, diese Schwierigkeit ist für Euklids und Lobatschewskis Geometrie die gleiche; ich muss mir also keine Sorgen darüber machen und habe sie nur beiläufig erwähnt.

Wichtig ist die Schlussfolgerung: Die Erfahrung kann nicht zwischen Euklid und Lobatschewski entscheiden.

Zusammenfassend lässt sich sagen, dass es, egal wie man es dreht und wendet, unmöglich ist, im geometrischen Empirismus einen vernünftigen Sinn zu entdecken.

6. - Die Experimente zeigen uns nur die Beziehungen der Körper untereinander; keines von ihnen bezieht sich auf die Beziehungen der Körper zum Raum oder auf die gegenseitigen Beziehungen der verschiedenen Teile des Raums, noch kann es sich auf sie beziehen.

"Ja", antworten Sie darauf, "ein einzelnes Experiment ist unzureichend, weil es mir nur eine einzige Gleichung mit mehreren Unbekannten liefert; aber wenn ich genug Experimente gemacht habe, werde ich genug Gleichungen haben, um alle meine Unbekannten zu berechnen."

Die Höhe des Großmastes zu kennen, reicht nicht aus, um das Alter des Kapitäns zu berechnen. Wenn Sie alle Holzstücke auf dem Schiff vermessen haben, werden Sie viele Gleichungen haben, aber Sie werden das Alter nicht besser kennen. Alle Ihre Messungen, die sich auf Ihre Holzstücke beziehen, können Ihnen nichts anderes sagen als das, was sich auf diese Holzstücke bezieht. Ebenso werden Ihre Experimente, so zahlreich sie auch sein mögen, da sie sich nur auf die Beziehungen der Körper untereinander bezogen haben, uns nichts über die gegenseitigen Beziehungen der verschiedenen Teile des Raumes verraten.

7. - Würden Sie sagen, dass, wenn sich die Experimente auf Körper beziehen, sie sich zumindest auf die geometrischen Eigenschaften von Körpern beziehen?

Was verstehen Sie zunächst einmal unter geometrischen Eigenschaften von Körpern? Ich nehme an, dass es sich dabei um die Beziehungen der Körper zum Raum handelt; diese Eigenschaften sind daher für Experimente, die sich nur auf die Beziehungen der Körper untereinander beziehen, unzugänglich. Das allein würde schon ausreichen, um zu zeigen, dass es nicht um sie gehen kann.

Lassen Sie uns jedoch damit beginnen, uns über die Bedeutung dieses Wortes zu einigen: geometrische Eigenschaften von Körpern. Wenn ich sage, dass ein Körper aus mehreren Teilen besteht, nehme ich an, dass ich damit keine geometrische Eigenschaft ausspreche, und das würde selbst dann gelten, wenn ich mich darauf einigen würde, den kleinsten Teilen, die ich betrachte, den unzutreffenden Namen Punkte zu geben.

Wenn ich sage, dass ein Teil eines bestimmten Körpers mit einem Teil eines anderen Körpers in Berührung kommt, stelle ich einen Satz auf, der sich auf die gegenseitigen Beziehungen dieser beiden Körper bezieht und nicht auf ihre Beziehungen zum Raum.

Ich nehme an, Sie werden mir zustimmen, dass dies keine geometrischen Eigenschaften sind; ich bin mir zumindest sicher, dass Sie mir zustimmen werden, dass diese Eigenschaften unabhängig von jeglicher Kenntnis der metrischen Geometrie sind.

Ich stelle mir vor, wir hätten einen festen Körper aus acht dünnen Eisenstäben OA, OB, OC, OD, OE, OF, OG, OH, die an einem ihrer Enden O miteinander verbunden sind. Wir hätten andererseits einen zweiten festen Körper, z. B. ein Stück Holz, auf dem man drei kleine Tintenflecken bemerkt, die ich α, β, γ nennen werde. Ich nehme dann an, dass man feststellt, dass man Folgendes in Kontakt bringen kann: $\alpha\beta\gamma$ mit AGO (damit meine ich α *mit* A, zusammen mit β *mit* G und γ *mit* O), da man $\alpha\beta\gamma$ nacheinander mit BGO, CGO, DGO, EGO, FGO in Kontakt bringen kann, dann mit AHO, BHO, CHO, DHO, EHO, FHO, dann $\alpha\gamma$ nacheinander mit AB, BC, CD, DE, EF, FA.

Dies sind Feststellungen, die man treffen kann, ohne vorher eine Vorstellung von der Form oder den metrischen Eigenschaften des Raumes zu haben. Sie beziehen sich nicht auf die "geometrischen Eigenschaften der Körper". Und diese Feststellungen sind nicht möglich, wenn sich die Körper, mit denen wir experimentiert haben, in einer Gruppe bewegen, die dieselbe Struktur wie die Lobatschewski-Gruppe hat (d. h. nach denselben Gesetzen wie die festen Körper in der Lobatschewski-Geometrie). Sie reichen also aus, um zu beweisen, dass diese Körper sich gemäß der euklidischen Gruppe bewegen, oder zumindest, dass sie sich nicht gemäß der Lobatschewskischen Gruppe bewegen.

Dass sie mit der euklidischen Gruppe kompatibel sind, ist leicht zu erkennen.

Denn man könnte sie machen, wenn der Körper $\alpha\beta\gamma$ ein unveränderlicher Festkörper unserer gewöhnlichen Geometrie wäre, der die Form eines rechtwinkligen Dreiecks aufweist, und wenn die Punkte A B C D E F G H die Eckpunkte eines Polyeders wären, der aus zwei regelmäßigen sechseckigen Pyramiden unserer gewöhnlichen Geometrie gebildet wird, die als gemeinsame Basis A B C D E F und als Eckpunkte die eine G und die andere H haben.

Nehmen wir nun an, dass wir statt der bisherigen Feststellungen beobachten, dass man wie vorhin $\alpha\beta\gamma$ nacheinander auf AGO, BGO, CGO, DGO, EGO, FGO, AHO, BHO, CHO, DHO, EHO, FHO anwenden kann, und dann, dass man $\alpha\beta$ (und nicht mehr $\alpha\gamma$) nacheinander auf AB, BC, CD, DE, EF und FA anwenden kann.

Dies sind die Feststellungen, die man machen könnte, wenn die nichteuklidische Geometrie wahr wäre, wenn die Körper $\alpha\beta\gamma$, O A B C D E F G H unveränderliche Festkörper wären, wenn der erste ein rechtwinkliges Dreieck und der zweite eine regelmäßige sechseckige Doppelpyramide mit passenden Abmessungen wäre.

Diese neuen Erkenntnisse sind also nicht möglich, wenn sich die Körper nach der euklidischen Gruppe bewegen; sie werden es aber, wenn man annimmt, dass sich die Körper nach der lobatchevskischen Gruppe bewegen. Sie würden also (wenn man sie machen würde) ausreichen, um zu beweisen, dass die fraglichen Körper sich nicht gemäß der euklidischen Gruppe bewegen.

So habe ich, ohne irgendeine Hypothese über die Form, die Natur des Raums oder die Beziehung der Körper zum Raum aufzustellen und ohne den Körpern irgendwelche geometrischen Eigenschaften zuzuschreiben, Feststellungen gemacht, die es mir ermöglichten, in einem Fall zu zeigen, dass sich die erfahrenen Körper nach einer Gruppe mit euklidischer Struktur bewegen, im anderen Fall, dass sie sich nach einer Gruppe mit lobatschewskischer Struktur bewegen.

Und niemand soll sagen, dass der erste Satz von Erkenntnissen ein Experiment darstellen würde, das beweist, dass der Raum euklidisch ist, und der zweite Satz ein Experiment, das beweist, dass der Raum nicht euklidisch ist.

Und tatsächlich könnte man sich Körper vorstellen (ich sage: vorstellen), die sich so bewegen, dass die zweite Reihe von Feststellungen möglich wird. Und der Beweis dafür ist, dass der erstbeste Mechaniker sie bauen könnte, wenn er sich die Mühe machen und den Preis dafür zahlen würde. Sie werden daraus jedoch nicht schließen, dass der Raum nicht-euklidisch ist.

Und sogar, da gewöhnliche feste Körper weiterhin existieren würden, wenn der Mechaniker die seltsamen Körper gebaut hätte, von denen ich gerade gesprochen habe, müsste man zu dem Schluss kommen, dass der Raum sowohl euklidisch als auch nichteuklidisch ist.

Nehmen wir zum Beispiel an, wir hätten eine große Kugel mit dem Radius R und die Temperatur würde vom Zentrum bis zur Oberfläche dieser Kugel nach dem Gesetz abnehmen, das ich bei der Beschreibung der nichteuklidischen Welt erwähnt habe.

Wir könnten Körper haben, deren Ausdehnung vernachlässigbar ist und die sich wie gewöhnliche unveränderliche Festkörper verhalten; und andererseits Körper, die sehr dehnbar sind und sich wie nicht-euklidische Festkörper verhalten. Wir könnten zwei Doppelpyramiden O A B C D E F G H und O' A' B' C' D' E' F' G' H' und zwei Dreiecke $\alpha\beta\gamma$ und $\alpha'\beta'\gamma'$ haben. Die erste Doppelpyramide wäre geradlinig und die zweite krummlinig; das Dreieck $\alpha\beta\gamma$ wäre aus einem unausdehnbaren Material und das andere aus einem sehr ausdehnbaren Material hergestellt.

Dann könnte man die ersten Feststellungen mit der Doppelpyramide OAH und dem Dreieck $\alpha\beta\gamma$ machen, und die zweiten mit der Doppelpyramide O'H'A' und dem Dreieck $\alpha'\beta'\gamma'$. Und dann würde das Experiment scheinbar erstens beweisen, dass die euklidische Geometrie wahr ist, und zweitens, dass sie falsch ist.

Die Experimente bezogen sich also nicht auf den Raum, sondern auf die Körper.

8. - Der Vollständigkeit halber sollte ich über eine sehr heikle Frage sprechen, die lange Ausführungen erfordern würde; ich werde mich darauf beschränken, hier zusammenzufassen, was ich in der *Revue de Métaphysique et de Morale und* in *The Monist* dargelegt habe. Wenn wir sagen, dass der Raum drei Dimensionen hat, was meinen wir dann damit?

Wir haben gesehen, wie wichtig diese "inneren Veränderungen" sind, die uns durch unsere Muskelempfindungen offenbart werden. Sie können dazu dienen, die verschiedenen Haltungen unseres Körpers zu charakterisieren. Nehmen wir willkürlich eine dieser Haltungen A als Ursprung an. Wenn wir von dieser Ausgangshaltung zu einer beliebigen anderen Haltung B wechseln, erleben wir eine Reihe S von Muskelempfindungen, und diese Reihe S definiert B. Beachten wir jedoch, dass wir oft zwei Reihen S und S' als Definition ein und derselben Haltung B betrachten (da die Ausgangs- und Endhaltungen A und B dieselben sind, können sich die Zwischenhaltungen und die entsprechenden Empfindungen unterscheiden). Woran werden wir also die Gleichwertigkeit dieser beiden Reihen erkennen? Weil sie dazu dienen können, ein und dieselbe äußere Veränderung zu kompensieren, oder allgemeiner, weil, wenn es darum geht, eine äußere Veränderung zu kompensieren, eine der Reihen durch die andere ersetzt werden kann.

Unter diesen Reihen haben wir diejenigen unterschieden, die allein eine äußere Veränderung ausgleichen können und die wir als "Verschiebungen" bezeichnet haben. Da wir zwei Verschiebungen nicht unterscheiden können, die zu nahe beieinander liegen, weist die Gesamtheit dieser Verschiebungen die Merkmale eines physikalischen Kontinuums auf; die Erfahrung lehrt uns, dass es sich um die Merkmale eines sechsdimensionalen physikalischen Kontinuums handelt; da wir aber noch nicht wissen, wie viele Dimensionen der Raum selbst hat, müssen wir eine andere Frage lösen.

Was ist ein Raumpunkt? Jeder glaubt, es zu wissen, aber das ist eine Illusion. Was wir sehen, wenn wir versuchen, uns einen Raumpunkt vorzustellen, ist ein schwarzer Fleck auf weißem Papier, ein Kreidefleck auf einer Tafel, es ist immer ein Gegenstand. Die Frage ist also folgendermaßen zu verstehen:

Was meine ich, wenn ich sage, dass sich Objekt B an derselben Stelle befindet, an der sich zuvor Objekt A befunden hat? Wie kann ich das erkennen?

Ich meine, obwohl *ich mich nicht bewegt habe* (was mich mein Muskelsinn lehrt), berührt mein erster Finger, der eben noch Objekt A berührt hat, jetzt Objekt B. Ich hätte auch andere Kriterien heranziehen können, z. B. einen anderen Finger oder den Sehsinn. Aber das erste Kriterium ist ausreichend; ich weiß, dass, wenn es mit Ja beantwortet wird, alle anderen Kriterien die gleiche Antwort geben werden. Ich weiß das *aus*

Erfahrung, ich kann es nicht *a priori wissen.* Das ist auch der Grund, warum ich sage, dass Berührung nicht aus der Ferne ausgeübt werden kann; das ist eine andere Art, dieselbe Erfahrungstatsache zu formulieren. Und wenn ich stattdessen sage, dass der Sehsinn aus der Ferne ausgeübt werden kann, bedeutet das, dass das Kriterium, das der Sehsinn liefert, mit Ja beantwortet werden kann, während die anderen mit Nein beantwortet werden.

Und tatsächlich kann der Gegenstand, obwohl er sich entfernt hat, sein Bild an demselben Punkt der Netzhaut bilden. Der Sehsinn sagt ja, der Gegenstand ist am selben Punkt geblieben, und der Tastsinn sagt nein, weil mein Finger, der eben noch den Gegenstand berührte, ihn jetzt nicht mehr berührt. Wenn uns das Experiment gezeigt hätte, dass ein Finger nein sagen kann, wenn der andere ja sagt, würden wir auch sagen, dass der Tastsinn aus der Ferne ausgeübt wird.

Kurz gesagt: Für jede Haltung meines Körpers bestimmt mein erster Finger einen Punkt, und das, und nur das, definiert einen Punkt im Raum.

Jeder Haltung entspricht auf diese Weise ein Punkt; es kommt aber oft vor, dass derselbe Punkt mehreren unterschiedlichen Haltungen entspricht (in diesem Fall sagen wir, dass unser Finger sich nicht bewegt hat, der Rest des Körpers aber schon). Wir unterscheiden also zwischen Einstellungsänderungen, bei denen sich der Finger nicht bewegt. Wie werden wir darauf aufmerksam gemacht? Weil wir oft feststellen, dass bei diesen Veränderungen der Gegenstand, der mit dem Finger in Kontakt ist, diesen Kontakt nicht verlässt.

Ordnen wir also alle Einstellungen, die sich durch eine der Veränderungen, die wir so unterschieden haben, voneinander ableiten lassen, in eine Klasse ein. Allen Einstellungen in einer Klasse wird derselbe Punkt im Raum entsprechen. Jeder Klasse entspricht also ein Punkt und jedem Punkt eine Klasse. Aber wir können sagen, dass das, was die Erfahrung erreicht, nicht der Punkt ist, sondern die Klasse der Veränderungen oder besser die Klasse der entsprechenden Muskelempfindungen.

Und wenn wir dann sagen, dass der Raum drei Dimensionen hat, meinen wir einfach, dass die Gesamtheit dieser Klassen uns mit den Merkmalen eines dreidimensionalen physikalischen Kontinuums erscheint.

Man könnte versucht sein, zu schlussfolgern, dass es die Erfahrung war, die uns gelehrt hat, wie viele Dimensionen der Raum hat. Aber auch hier beziehen sich unsere Erfahrungen nicht auf den Raum, sondern auf unseren Körper und seine Beziehung zu den benachbarten Objekten. Außerdem sind sie übermäßig grob.

In unserem Geist existierte bereits die latente Idee einer bestimmten Anzahl von Gruppen; es sind die Gruppen, deren Theorie Lie aufgestellt hat. Welche davon würden wir wählen, um sie als eine Art Maßstab zu verwenden, mit dem wir die Naturphänomene vergleichen könnten? Und wenn wir diese Gruppe gewählt haben, welche ihrer Untergruppen nehmen wir dann, um einen Punkt im Raum zu charakterisieren? Die Erfahrung hat uns geleitet, indem sie uns gezeigt hat, welche Wahl am besten zu den Eigenschaften unseres Körpers passt. Doch damit war ihre Rolle auch schon erschöpft.

Die Erfahrung der Vorfahren.

Es wurde oft gesagt, dass zwar die individuelle Erfahrung die Geometrie nicht erschaffen konnte, die Erfahrung der Vorfahren jedoch schon. Doch was ist mit dieser Aussage gemeint? Bedeutet es, dass wir Euklids Postulat nicht experimentell nachweisen können, unsere Vorfahren aber schon? Nicht im Geringsten. Man will sagen, dass sich unser Geist durch natürliche Selektion an die Bedingungen der Außenwelt *angepasst hat,* dass er die *für die Art vorteilhafteste* Geometrie angenommen hat; *oder mit anderen Worten: die bequemste.* Dies entspricht voll und ganz unseren Schlussfolgerungen, die Geometrie ist nicht wahr, sie ist vorteilhaft.

DRITTER TEIL

DIE KRAFT

KAPITEL VI

DIE KLASSISCHE MECHANIK

Die Engländer lehren die Mechanik als eine experimentelle Wissenschaft; auf dem Kontinent wird sie immer noch mehr oder weniger als eine deduktive und *apriorische* Wissenschaft dargelegt. Es sind die Engländer, die Recht haben, das versteht sich von selbst; aber wie konnte man so lange auf anderen Irrwegen beharren? Warum konnten sich die kontinentalen Gelehrten, die versuchten, den Gewohnheiten ihrer Vorgänger zu entgehen, meist nicht völlig von ihnen befreien?

Andererseits: Wenn die Prinzipien der Mechanik keine andere Quelle als die Erfahrung haben, sind sie dann nur annähernd und vorläufig? Können neue Erfahrungen uns nicht eines Tages dazu bringen, sie zu ändern oder gar aufzugeben?

Dies sind die Fragen, die sich natürlich stellen, und die Schwierigkeit der Lösung rührt hauptsächlich daher, dass in den Abhandlungen über Mechanik nicht klar unterschieden wird, was Erfahrung, was mathematische Argumentation, was Konvention und was Hypothese ist.

Nicht nur das:

1° Es gibt keinen absoluten Raum und wir begreifen nur relative Bewegungen; dennoch werden mechanische Tatsachen meist so formuliert, als gäbe es einen absoluten Raum, auf den man sie beziehen könnte.

2° Es gibt keine absolute Zeit; zu sagen, dass zwei Zeitspannen gleich lang sind, ist eine Behauptung, die an sich keine Bedeutung hat und nur durch Konvention eine solche erlangen kann.

3° Wir haben nicht nur keine direkte Intuition von der Gleichheit zweier Zeitdauern, sondern nicht einmal von der Gleichzeitigkeit zweier Ereignisse, die auf verschiedenen Schauplätzen stattfinden; das habe ich in einem Artikel mit dem Titel *Zeitmessung* erklärt [3].

4° Schließlich ist unsere euklidische Geometrie selbst nur eine Art Sprachkonvention; wir könnten die mechanischen Tatsachen angeben, indem wir sie auf einen nicht-euklidischen Raum beziehen, der ein weniger bequemes, aber ebenso legitimes Bezugssystem wie unser gewöhnlicher

Raum wäre; die Aussage würde dadurch viel komplizierter werden; aber sie wäre immer noch möglich.

So sind der absolute Raum, die absolute Zeit, selbst die Geometrie keine Bedingungen, die der Mechanik auferlegt werden; all diese Dinge existieren ebenso wenig vor der Mechanik, wie die französische Sprache logisch vor den Wahrheiten existiert, die man auf Französisch ausdrückt.

Man könnte versuchen, die Grundgesetze der Mechanik in einer Sprache zu formulieren, die von all diesen Konventionen unabhängig ist; auf diese Weise würde man sich zweifellos besser bewusst machen, was diese Gesetze an sich sind; dies hat Herr Andrade in seinen *Leçons de Mécanique physique* zumindest teilweise zu tun versucht.

Die Formulierung dieser Gesetze würde natürlich viel komplizierter werden, da all diese Konventionen genau dazu erdacht wurden, diese Formulierung abzukürzen und zu vereinfachen.

Was mich betrifft, so werde ich, abgesehen vom absoluten Raum, alle diese Schwierigkeiten beiseite lassen; nicht, dass ich sie verkenne, bei weitem nicht; aber wir haben sie in den ersten beiden Teilen ausreichend besprochen.

Ich werde daher *vorläufig* die absolute Zeit und die euklidische Geometrie zulassen.

DAS TRÄGHEITSPRINZIP

Ein Körper, der keinen Kräften ausgesetzt ist, kann nur eine geradlinige und gleichförmige Bewegung haben.

Ist das eine Wahrheit, die sich dem Verstand *a priori* aufdrängt? Wenn dem so wäre, wie hätten die Griechen sie dann verkennen können? Wie hätten sie glauben können, dass die Bewegung aufhört, sobald die Ursache, die sie hervorgerufen hat, aufhört? Oder dass jeder Körper, wenn nichts dazwischen kommt, eine kreisförmige Bewegung annimmt, die edelste aller Bewegungen?

Wenn man sagt, dass die Geschwindigkeit eines Körpers sich nicht ändern kann, wenn es keinen Grund dafür gibt, dass sie sich ändert, könnte man dann nicht genauso gut behaupten, dass die Position dieses Körpers sich nicht ändern kann oder die Krümmung seiner Bahn sich nicht ändern kann, wenn es keine äußere Ursache gibt, die sie verändert?

Ist das Trägheitsprinzip, das keine Wahrheit *a priori* ist, also eine experimentelle Tatsache? Aber hat man jemals mit Körpern experimentiert, die der Wirkung jeglicher Kraft entzogen sind, und wenn man es getan hat, woher wusste man dann, dass diese Körper keiner Kraft unterworfen waren? Gewöhnlich wird das Beispiel einer Kugel angeführt, die eine sehr lange Zeit auf einem Marmortisch rollt; aber warum sagen wir, dass sie keiner Kraft unterliegt? Liegt es daran, dass sie zu weit von allen anderen Körpern entfernt ist, um eine spürbare Wirkung von ihnen zu erfahren? Sie ist jedoch nicht weiter von der Erde entfernt, als wenn man sie frei in die Luft werfen würde; und jeder weiß, dass sie in diesem Fall unter dem Einfluss der Schwerkraft stünde, die auf die Anziehungskraft der Erde zurückzuführen ist.

Mechanikprofessoren gehen üblicherweise schnell über das Beispiel der Kugel hinweg; aber sie fügen hinzu, dass das Trägheitsprinzip indirekt durch seine Konsequenzen überprüft wird. Sie drücken sich falsch aus; sie meinen offensichtlich, dass man verschiedene Konsequenzen eines allgemeineren Prinzips überprüfen kann, von dem das Trägheitsprinzip nur ein Spezialfall ist.

Ich werde für dieses allgemeine Prinzip folgende Aussage vorschlagen:

Die Beschleunigung eines Körpers hängt nur von der Position dieses Körpers und der benachbarten Körper sowie von deren Geschwindigkeiten ab.

Mathematiker würden sagen, dass die Bewegungen aller materiellen Moleküle im Universum von Differentialgleichungen zweiter Ordnung abhängen.

Um deutlich zu machen, dass dies die natürliche Verallgemeinerung des Trägheitsgesetzes ist, bitte ich um die Erlaubnis, eine Fiktion zuzulassen. Das Trägheitsgesetz ist, wie ich bereits sagte, nicht a priori für uns verbindlich; andere Gesetze wären ebenso gut wie dieses mit dem Prinzip des zureichenden Grundes vereinbar. Wenn ein Körper keiner Kraft ausgesetzt ist, könnte man, anstatt anzunehmen, dass sich seine Geschwindigkeit nicht ändert, annehmen, dass es seine Position oder auch seine Beschleunigung ist, die sich nicht ändern darf.

Nun, stellen wir uns für einen Moment vor, dass eines dieser beiden hypothetischen Gesetze das Naturgesetz wäre und unser Trägheitsgesetz ersetzen würde. Was wäre die natürliche Verallgemeinerung davon? Eine Minute Nachdenken wird es uns zeigen.

Im ersten Fall sollte man annehmen, dass die Geschwindigkeit eines Körpers nur von seiner Position und der Position der benachbarten Körper abhängt; im zweiten Fall sollte man annehmen, dass die Veränderung der Beschleunigung eines Körpers nur von der Position dieses Körpers und der benachbarten Körper, ihren Geschwindigkeiten und Beschleunigungen abhängt.

Oder, um es in der Sprache der Mathematik auszudrücken: Die Differentialgleichungen der Bewegung wären im ersten Fall von erster Ordnung und im zweiten Fall von dritter Ordnung.

Lassen Sie uns unsere Fiktion ein wenig abändern. Ich nehme eine Welt an, die unserem Sonnensystem ähnlich ist, in der aber durch einen einzigartigen Zufall die Bahnen aller Planeten ohne Exzentrizität und ohne Neigung sind. Außerdem nehme ich an, dass die Massen dieser Planeten zu gering sind, als dass ihre gegenseitigen Störungen spürbar wären. Astronomen, die einen dieser Planeten bewohnen würden, würden unweigerlich zu dem Schluss kommen, dass die Umlaufbahn eines Gestirns nur kreisförmig und parallel zu einer bestimmten Ebene sein kann; die Position eines Gestirns zu einem bestimmten Zeitpunkt würde dann ausreichen, um seine Geschwindigkeit und seine gesamte Flugbahn zu bestimmen. Das Trägheitsgesetz, das sie annehmen würden, wäre das erste der beiden hypothetischen Gesetze, von denen ich gerade gesprochen habe.

Stellen wir uns nun vor, dass dieses System eines Tages von einem Körper großer Masse aus fernen Sternbildern mit hoher Geschwindigkeit durchquert wird. Alle Umlaufbahnen würden zutiefst gestört werden. Unsere Astronomen wären noch nicht allzu erstaunt; sie würden wohl erraten, dass dieses neue Gestirn allein an allem Übel schuld ist. Aber, so würden sie sagen, wenn es sich entfernt hat, wird die Ordnung von selbst wiederhergestellt; zweifellos werden die Entfernungen der Planeten zur Sonne nicht wieder so sein wie vor dem Kataklysmus, aber wenn das störende Gestirn nicht mehr da ist, werden die Bahnen wieder kreisförmig.

Erst wenn der beunruhigende Körper weit weg wäre und die Bahnen statt kreisförmig wieder elliptisch würden, erst dann würden die Astronomen ihren Fehler bemerken und die Notwendigkeit erkennen, ihre gesamte Mechanik zu überarbeiten.

Ich habe diese Annahmen ein wenig betont; denn mir scheint, dass man nur dann richtig verstehen kann, was unser Gesetz der allgemeinen Trägheit ist, wenn man es einer gegenteiligen Annahme gegenüberstellt.

Nun, ist dieses allgemeine Trägheitsgesetz durch das Experiment verifiziert worden und kann es verifiziert werden? Als Newton die *Prinzipien* schrieb, betrachtete er diese Wahrheit als gegeben und experimentell bewiesen. Sie war in seinen Augen nicht nur durch das anthropomorphe Idol, von dem wir noch sprechen werden, sondern auch durch die Arbeiten Galileos belegt. Nach diesen Gesetzen wird die Bahn eines Planeten vollständig durch seine anfängliche Position und Geschwindigkeit bestimmt.

Damit dieses Prinzip nur scheinbar wahr ist und wir befürchten müssen, dass wir es eines Tages durch eines der ähnlichen Prinzipien ersetzen müssen, die ich ihm vorhin entgegengestellt habe, müssten wir durch einen überraschenden Zufall getäuscht worden sein, wie der, der in der Fiktion, die ich oben entwickelt habe, unsere imaginären Astronomen in die Irre geführt hat.

Eine solche Hypothese ist zu unwahrscheinlich, als dass man sich mit ihr befassen sollte. Niemand wird glauben, dass es solche Zufälle geben kann; zweifellos ist die Wahrscheinlichkeit, dass zwei Exzentrizitäten beide genau null sind, nicht kleiner als die Wahrscheinlichkeit, dass eine Exzentrizität genau 0,1 und die andere genau 0,2 beträgt, wenn man die Beobachtungsfehler mit einbezieht. Die Wahrscheinlichkeit eines einfachen Ereignisses ist nicht kleiner als die eines komplizierten Ereignisses; und doch werden wir, wenn ersteres eintritt, nicht glauben wollen, dass die Natur uns absichtlich getäuscht hat. Da die Annahme eines solchen Irrtums ausgeschlossen ist, können wir also annehmen, dass unser Gesetz in Bezug auf die Astronomie durch die Erfahrung verifiziert worden ist.

Die Astronomie ist jedoch nicht die gesamte Physik.

Könnte man nicht befürchten, dass eines Tages ein neues Experiment das Gesetz in irgendeinem Kanton der Physik außer Kraft setzen könnte? Ein experimentelles Gesetz ist immer der Revision unterworfen; man muss immer damit rechnen, dass es durch ein anderes, genaueres Gesetz ersetzt wird.

Niemand befürchtet jedoch ernsthaft, dass der hier besprochene Entwurf jemals aufgegeben oder abgeändert werden muss. Warum ist das so? Eben weil sie nie einem entscheidenden Test unterzogen werden kann.

Damit dieser Test vollständig ist, müssten alle Körper im Universum nach einer gewissen Zeit zu ihren ursprünglichen Positionen mit ihren ursprünglichen Geschwindigkeiten zurückkehren. Dann würde man sehen, ob sie ab diesem Zeitpunkt wieder die Bahnen einschlagen, denen sie schon einmal gefolgt sind.

Aber dieser Test ist unmöglich, man kann ihn nur teilweise machen, und egal wie gut man ihn macht, es wird immer einige Körper geben, die nicht in ihre ursprüngliche Position zurückkehren; so wird jede Abweichung vom Gesetz leicht eine Erklärung finden.

Das ist noch nicht alles: In der Astronomie *sehen* wir die Körper, deren Bewegungen wir untersuchen, und wir nehmen meistens an, dass sie nicht von anderen unsichtbaren Körpern beeinflusst werden. Unter diesen Umständen muss sich unser Gesetz entweder bewahrheiten oder nicht.

In der Physik ist es jedoch anders: Wenn physikalische Phänomene auf Bewegungen zurückzuführen sind, dann auf die Bewegungen von Molekülen, die wir nicht sehen können. Wenn uns die Beschleunigung eines der Körper, die wir sehen, von *etwas anderem* abzuhängen scheint als von den Positionen oder Geschwindigkeiten der anderen sichtbaren Körper oder unsichtbaren Moleküle, deren Existenz wir zuvor zugeben mussten, wird uns nichts daran hindern, anzunehmen, dass dieses andere *Etwas* die Position oder Geschwindigkeit anderer Moleküle ist, deren Anwesenheit wir bis dahin nicht vermutet hatten. Das Gesetz bleibt gewahrt.

Man erlaube mir, einen Moment lang die mathematische Sprache zu verwenden, um denselben Gedanken in einer anderen Form auszudrücken. Ich nehme an, wir beobachten n Moleküle und stellen fest, dass ihre $3n$ Koordinaten einem System von $3n$ Differentialgleichungen vierter Ordnung (und nicht zweiter Ordnung, wie es das Trägheitsgesetz erfordern würde) genügen. Wir wissen, dass durch die Einführung von $3n$ Hilfsvariablen ein System von $3n$ Gleichungen vierter Ordnung auf ein System von $6n$ Gleichungen zweiter Ordnung zurückgeführt werden kann. Wenn wir dann annehmen, dass diese $3n$ Hilfsvariablen die Koordinaten von n unsichtbaren Molekülen darstellen, entspricht das Ergebnis wieder dem Trägheitsgesetz.

Zusammenfassend lässt sich sagen, dass dieses Gesetz, das in einigen besonderen Fällen experimentell überprüft wurde, ohne Furcht auf die allgemeinsten Fälle ausgedehnt werden kann, weil wir wissen, dass in diesen allgemeinen Fällen die Erfahrung es nicht mehr bestätigen oder widerlegen kann.

DAS GESETZ DER BESCHLEUNIGUNG

Die Beschleunigung eines Körpers ist gleich der Kraft, die auf ihn wirkt, geteilt durch seine Masse.

Kann dieses Gesetz durch ein Experiment überprüft werden? Dazu müsste man die drei Größen messen, die in der Aussage vorkommen: Beschleunigung, Kraft und Masse.

Ich gebe zu, dass man die Beschleunigung messen kann, denn ich übergehe die Schwierigkeit, die aus der Messung der Zeit resultiert. Aber wie messen wir Kraft oder Masse? Wir wissen nicht einmal, was das ist.

Was ist die *Masse*? Sie ist, antwortet Newton, das Produkt aus Volumen und Dichte. - Besser wäre es zu sagen, antworten Thomson und Tait, dass die Dichte der Quotient aus Masse und Volumen ist. - Was ist die *Kraft*? Es ist", antwortet Lagrange, "eine Ursache, die die Bewegung eines Körpers hervorbringt oder dazu neigt, sie zu reproduzieren. - Sie ist, wird Kirchhoff sagen, das Produkt aus Masse und *Beschleunigung*. Aber warum sagen wir dann nicht, dass die Masse der Quotient aus Kraft und Beschleunigung ist?

Diese Schwierigkeiten sind unlösbar.

Wenn man sagt, dass Kraft die Ursache einer Bewegung ist, betreibt man Metaphysik, und diese Definition wäre, wenn man sich damit begnügen müsste, absolut unfruchtbar. Damit eine Definition zu etwas nütze ist, muss sie uns lehren, die Kraft zu *messen*; das genügt übrigens, es ist keineswegs notwendig, dass sie uns lehrt, was die Kraft an sich ist, oder ob sie die Ursache oder die Wirkung der Bewegung ist.

Daher muss zunächst die Gleichheit zweier Kräfte definiert werden. Wann kann man sagen, dass zwei Kräfte gleich sind? Das ist dann der Fall, wenn sie auf die gleiche Masse einwirken und ihr die gleiche Beschleunigung verleihen oder wenn sie einander direkt gegenüberstehen und sich gegenseitig ausgleichen. Diese Definition ist nur eine Täuschung. Man kann eine auf einen Körper ausgeübte Kraft nicht abhängen, um sie an einen anderen Körper zu hängen, so wie man eine Lokomotive abhängt, um sie an einen anderen Zug zu koppeln. Es ist also unmöglich zu wissen, welche Beschleunigung eine bestimmte Kraft, die auf einen Körper angewendet wird, einem anderen Körper verleihen würde, wenn sie auf ihn angewendet würde. Es ist unmöglich zu wissen, wie sich zwei Kräfte, die nicht direkt entgegengesetzt sind, verhalten würden, wenn sie direkt entgegengesetzt wären.

Es ist diese Definition, die man sozusagen zu materialisieren versucht, wenn man eine Kraft mit einem Dynamometer misst oder sie durch ein Gewicht ausgleicht. Zwei Kräfte F und F', die ich der Einfachheit halber als vertikal und von unten nach oben gerichtet annehme, werden jeweils auf zwei Körper C und C' ausgeübt; ich hänge einen gleichen schweren Körper P zuerst an Körper C und dann an Körper C' auf; wenn in beiden Fällen ein Gleichgewicht eintritt, schließe ich, dass die beiden Kräfte F und F' untereinander gleich sind, da sie beide gleich dem Gewicht des Körpers P sind.

Aber bin ich sicher, dass der Körper P das gleiche Gewicht beibehalten hat, als ich ihn vom ersten Körper zum zweiten transportierte? Weit gefehlt, *ich bin mir des Gegenteils sicher*; ich weiß, dass die Intensität der Schwerkraft von einem Punkt zum anderen variiert und dass sie zum Beispiel am Pol stärker ist als am Äquator. Zweifellos ist der Unterschied sehr gering und in der Praxis werde ich ihn nicht berücksichtigen, aber eine gut gemachte Definition sollte eine mathematische Strenge haben: Diese Strenge gibt es nicht. Was ich über das Gewicht sage, würde natürlich auch für die Federkraft eines Dynamometers gelten, die durch die Temperatur und eine Vielzahl von Umständen variiert werden kann.

Das ist noch nicht alles: Man kann nicht sagen, dass das Gewicht des Körpers P auf den Körper C angewendet wird und die Kraft F direkt ausgleicht. Was auf den Körper C ausgeübt wird, ist die Aktion A des Körpers P auf den Körper C; der Körper P unterliegt seinerseits einerseits seinem Gewicht und andererseits der Reaktion R des Körpers C auf P. Letztendlich ist die Kraft F gleich der Kraft A, weil sie sie ausgleicht; die Kraft A ist gleich R, aufgrund des Prinzips der Gleichheit von Aktion und Reaktion; und schließlich ist die Kraft R gleich dem Gewicht von P, weil sie sie ausgleicht. Aus diesen drei Gleichheiten leiten wir als Konsequenz die Gleichheit von F und dem Gewicht von P ab.

Wir sind also gezwungen, bei der Definition der Gleichheit zweier Kräfte das *Prinzip* der Gleichheit von Aktion und Reaktion selbst mit einzubeziehen.

Um die Gleichheit zweier Kräfte anzuerkennen, müssen wir also zwei Regeln beachten: die Gleichheit zweier Kräfte, die sich gegenseitig ausgleichen, und die Gleichheit von Aktion und Reaktion. Wie wir oben gesehen haben, sind diese beiden Regeln jedoch nicht ausreichend. Wir müssen eine dritte Regel anwenden und zugeben, dass bestimmte Kräfte, wie zum Beispiel das Gewicht eines Körpers, in Größe und Richtung konstant sind. Aber diese dritte Regel ist, wie gesagt, ein experimentelles Gesetz; sie ist nur annähernd wahr, sie ist eine schlechte Definition.

Wir werden also auf Kirchhoffs Definition zurückgeworfen: *Die Kraft ist gleich der Masse mal der Beschleunigung*. Dieses "Newtonsche Gesetz" hört wiederum auf, als ein experimentelles Gesetz betrachtet zu werden, es ist nur noch eine Definition. Aber auch diese Definition ist noch unzureichend, da wir nicht wissen, was Masse ist. Sie ermöglicht uns zweifellos, das Verhältnis zweier Kräfte zu berechnen, die zu verschiedenen Zeiten auf denselben Körper wirken; sie sagt uns nichts über das Verhältnis zweier Kräfte, die auf zwei verschiedene Körper wirken.

Um sie zu vervollständigen, müssen wir erneut auf Newtons drittes Gesetz (Gleichheit von Aktion und Reaktion) zurückgreifen, das nicht als experimentelles Gesetz, sondern als Definition betrachtet wird. Zwei Körper A und B wirken aufeinander ein; die Beschleunigung von A multipliziert mit der Masse von A ist gleich der Wirkung von B auf A; ebenso ist das Produkt aus der Beschleunigung von B und seiner Masse gleich der Reaktion von A auf B. Da per Definition die Aktion gleich der Reaktion ist, stehen die Massen von A und B im umgekehrten Verhältnis zu den Beschleunigungen dieser beiden Körper. Damit ist das Verhältnis dieser beiden Massen definiert und es ist Aufgabe des Experiments, zu überprüfen, ob dieses Verhältnis konstant ist.

Das wäre sehr gut, wenn nur die beiden Körper A und B vorhanden wären und der Wirkung des Rests der Welt entzogen wären. Um die obige Regel anzuwenden, müssen wir die Beschleunigung von A in mehrere Komponenten zerlegen und unterscheiden, welche dieser Komponenten auf die Wirkung von B zurückzuführen ist.

Diese Zerlegung wäre noch möglich, wenn wir annehmen, dass die Wirkung von C auf A einfach zu der von B auf A hinzukommt, ohne dass die Anwesenheit des Körpers C die Wirkung von B auf A verändert oder die Anwesenheit von B die Wirkung von C auf A verändert; wenn wir folglich annehmen, dass zwei beliebige Körper sich anziehen, dass ihre gegenseitige Wirkung entlang der Geraden, die sie verbindet, gerichtet ist und nur von ihrem Abstand abhängt; wenn wir, mit einem Wort, die Hypothese der zentralen Kräfte annehmen.

Es ist bekannt, dass man zur Bestimmung der Massen der Himmelskörper ein ganz anderes Prinzip verwendet. Das

Gravitationsgesetz lehrt uns, dass die Anziehungskraft zweier Körper proportional zu ihren Massen ist; wenn r ihr Abstand, m und m' ihre Massen und k eine Konstante ist, dann ist ihre Anziehungskraft :

$$kmm' / r^2$$

Was dann gemessen wird, ist nicht die Masse, das Verhältnis von Kraft zu Beschleunigung, sondern die anziehende Masse; es ist nicht die Trägheit des Körpers, sondern seine Anziehungskraft.

Dies ist ein indirektes Verfahren, dessen Anwendung theoretisch nicht notwendig ist. Es hätte durchaus sein können, dass die Anziehung umgekehrt proportional zum Quadrat der Entfernung ist, ohne proportional zum Produkt der Massen zu sein, dass sie gleich :

$$f / r^2$$

aber ohne dass wir :

$$f = kmm'.$$

Wenn dem so wäre, könnte man dennoch durch die Beobachtung der relativen Bewegungen der Himmelskörper die Massen dieser Körper messen.

Aber haben wir das Recht, die Hypothese der zentralen Kräfte anzunehmen? Ist diese Hypothese rigoros korrekt? Ist es sicher, dass sie niemals durch die Erfahrung widerlegt werden kann? Wer würde es wagen, dies zu behaupten? Und wenn wir diese Hypothese aufgeben müssen, wird das ganze mühsam errichtete Gebäude zusammenbrechen.

Wir dürfen nicht mehr über die Komponente der Beschleunigung von A sprechen, die durch die Wirkung von B verursacht wird. Wir haben keine Möglichkeit, sie von der Komponente zu unterscheiden, die durch die Wirkung von C oder einem anderen Körper verursacht wird. Die Regel für die Messung von Massen wird unanwendbar.

Was bleibt dann vom Prinzip der Gleichheit von Aktion und Reaktion übrig? Wenn die Annahme von Zentralkräften verworfen wird, muss dieses Prinzip natürlich wie folgt lauten: Die geometrische Resultierende aller Kräfte, die auf die verschiedenen Körper eines Systems wirken, das jeder äußeren Einwirkung entzogen ist, ist null. Oder anders ausgedrückt: *Die Bewegung des Schwerpunkts dieses Systems ist geradlinig und gleichförmig.*

Die Position des Schwerpunkts hängt offensichtlich von den Werten ab, die den Massen zugeordnet werden; diese Werte müssen so angeordnet werden, dass die Bewegung dieses Schwerpunkts geradlinig und gleichförmig ist; dies wird immer möglich sein, wenn Newtons drittes Gesetz wahr ist, und es wird im Allgemeinen nur auf eine einzige Weise möglich sein.

Es gibt jedoch kein System, das jeglicher äußeren Einwirkung entzogen ist; alle Teile des Universums unterliegen mehr oder weniger stark der Einwirkung aller anderen Teile. *Das Gesetz der Bewegung des Schwerpunkts ist nur dann streng wahr, wenn man es auf das gesamte Universum anwendet.*

Aber dann müsste man, um daraus die Werte der Massen abzuleiten, die Bewegung des Schwerpunkts des Universums beobachten. Die Absurdität dieser Konsequenz ist offensichtlich; wir kennen nur relative Bewegungen; die Bewegung des Schwerpunkts des Universums wird für uns eine ewige Unbekannte bleiben.

Es bleibt also nichts übrig und unsere Bemühungen waren erfolglos; wir sind zu folgender Definition gedrängt, die nichts anderes als ein Eingeständnis der Hilflosigkeit ist: *Massen sind Koeffizienten, die man bequem in Berechnungen einführen kann.*

Wir könnten die gesamte Mechanik neu aufbauen, indem wir allen Massen unterschiedliche Werte zuweisen. Diese neue Mechanik würde weder der Erfahrung noch den allgemeinen Grundsätzen der Dynamik widersprechen (Trägheitsprinzip, Proportionalität der Kräfte zu Massen und Beschleunigungen, Gleichheit von Aktion und Reaktion, geradlinige und gleichmäßige Bewegung des Schwerpunkts, Flächenprinzip).

Nur die Gleichungen dieser neuen Mechanik wären weniger einfach. Vielleicht könnte man die Massen um kleine Mengen verändern, ohne dass die *vollständigen* Gleichungen an *Einfachheit* gewinnen oder verlieren würden.

Hertz fragte sich, ob die Prinzipien der Mechanik streng genommen wahr sind. "In der Meinung vieler Physiker", sagte er, "wird es als unvorstellbar erscheinen, dass das entfernteste Experiment jemals etwas an den unerschütterlichen Grundsätzen der Mechanik ändern könnte; und doch kann das, was aus dem Experiment hervorgeht, immer durch das Experiment berichtigt werden."

Nach dem, was wir gerade gesagt haben, werden diese Befürchtungen überflüssig erscheinen. Die Prinzipien der Dynamik erschienen uns zunächst als experimentelle Wahrheiten; aber wir waren gezwungen, sie als

Definitionen zu verwenden. Es ist eine Definition, dass die Kraft gleich dem Produkt aus Masse und Beschleunigung ist; dies ist ein Prinzip, das von nun an für jedes weitere Experiment unerreichbar ist. Ebenso ist die Aktion per Definition gleich der Reaktion.

Aber dann, so wird man sagen, sind diese nicht überprüfbaren Prinzipien absolut bedeutungslos; die Erfahrung kann ihnen nicht widersprechen; aber sie können uns nichts Nützliches lehren; wozu also Dynamik studieren?

Diese zu schnelle Verurteilung wäre ungerecht. In der Natur gibt es kein *vollkommen* isoliertes System, das jeglicher äußeren Einwirkung vollkommen entzogen ist; aber es gibt Systeme, die *annähernd* isoliert sind.

Wenn man ein solches System beobachtet, kann man nicht nur die relative Bewegung seiner verschiedenen Teile zueinander untersuchen, sondern auch die Bewegung seines Schwerpunkts in Bezug auf die anderen Teile des Universums. Dann stellt man fest, dass die Bewegung dieses Schwerpunkts in *etwa* geradlinig und gleichförmig ist, gemäß dem dritten Newtonschen Gesetz.

Das ist eine experimentelle Wahrheit, aber sie kann nicht durch Erfahrung widerlegt werden, denn was würde uns eine genauere Erfahrung lehren? Sie würde uns lehren, dass das Gesetz nur annähernd wahr ist, aber das wussten wir bereits.

Wir erklären uns nun, wie das Experiment als Grundlage für die Prinzipien der Mechanik dienen konnte und dennoch nie in der Lage sein wird, ihnen zu widersprechen.

DIE ANTHROPOMORPHE MECHANIK

Kirchhoff, so wird man sagen, hat nur der allgemeinen Tendenz der Mathematiker zum Nominalismus gehorcht; seine Geschicklichkeit als Physiker hat ihn nicht davor bewahrt. Er wollte unbedingt eine Definition der Kraft haben und nahm dafür den erstbesten Vorschlag; aber eine Definition der Kraft brauchen wir nicht: Die Idee der Kraft ist ein primitiver, irreduzibler, undefinierbarer Begriff; wir alle wissen, was das ist, wir haben eine direkte Intuition davon. Diese direkte Intuition entstammt dem Begriff der Anstrengung, der uns seit unserer Kindheit vertraut ist.

Aber erstens, selbst wenn diese direkte Intuition uns die wahre Natur der Kraft an sich erkennen ließe, wäre sie unzureichend, um die Mechanik zu begründen; sie wäre übrigens völlig nutzlos. Es kommt nicht darauf an, zu wissen, was Kraft ist, sondern darauf, sie messen zu können.

Alles, was uns nicht lehrt, sie zu messen, ist für einen Mechaniker genauso nutzlos wie zum Beispiel der subjektive Begriff von heiß und kalt für einen Physiker, der die Wärme untersucht. Ein Wissenschaftler, dessen Haut Wärme absolut schlecht leitet und der daher weder Kälte- noch Wärmeempfindungen hat, könnte ein Thermometer genauso gut betrachten wie ein anderes, und das würde ihm genügen, um die gesamte Theorie der Wärme zu konstruieren.

Es ist z. B. klar, dass ich beim Heben eines Gewichts von 50 kg mehr Müdigkeit empfinde als ein Mann, der es gewohnt ist, Lasten zu tragen.

Aber es gibt noch mehr: Diese Vorstellung von Anstrengung lässt uns nicht die wahre Natur der Kraft erkennen; sie reduziert sich letztlich auf eine Erinnerung an Muskelempfindungen, und man wird nicht behaupten, dass die Sonne eine Muskelempfindung hat, wenn sie die Erde anzieht.

Alles, was man darin suchen kann, ist ein Symbol, das weniger genau und bequem ist als die Pfeile, die Geometer benutzen, aber genauso weit von der Realität entfernt ist.

Der Anthropomorphismus hat eine beträchtliche historische Rolle bei der Entstehung der Mechanik gespielt; vielleicht liefert er noch immer manchmal ein Symbol, das einigen Geistern bequem erscheint; aber er kann nichts begründen, was wirklich wissenschaftlich oder wirklich philosophisch ist.

" DIE SCHULE DES FADENS."

Herr Andrade hat in seinen *Leçons de Mécanique physique* die anthropomorphe Mechanik verjüngt. Der Schule der Mechaniker, zu der Kirchhoff gehört, stellt er das gegenüber, was er recht seltsam die Schule des Fadens nennt.

Diese Schule versucht, alles auf "die Betrachtung bestimmter materieller Systeme mit vernachlässigbarer Masse, die im Zustand der Spannung betrachtet werden und in der Lage sind, beträchtliche Wirkungen auf entfernte Körper zu übertragen, ein System, dessen Idealtyp der *Draht* ist, zurückzuführen."

Ein Faden, der eine beliebige Kraft überträgt, dehnt sich unter der Wirkung dieser Kraft leicht aus; die Richtung des Fadens lässt uns die Richtung der Kraft erkennen, deren Größe durch die Dehnung des Fadens gemessen wird.

Dann kann man sich ein Experiment wie das folgende vorstellen. Ein Körper A ist an einem Faden befestigt; am anderen Ende des Fadens wirkt eine beliebige Kraft, die man so lange variiert, bis der Faden eine Dehnung α annimmt, man notiert die Beschleunigung des Körpers A; man löst A und befestigt den Körper B an demselben Faden, lässt die Kraft oder eine andere Kraft erneut wirken und variiert sie so lange, bis der Faden die Dehnung α wieder annimmt; man notiert die Beschleunigung des Körpers B. Man wiederholt das Experiment sowohl mit dem Körper A als auch mit dem Körper B, aber so, dass der Faden die Dehnung β annimmt. Die vier beobachteten Beschleunigungen müssen proportional zueinander sein. Damit haben wir eine experimentelle Überprüfung des oben genannten Beschleunigungsgesetzes.

Oder man setzt einen Körper der gleichzeitigen Wirkung mehrerer identischer, gleich gespannter Fäden aus und untersucht durch ein Experiment, wie die Ausrichtungen all dieser Fäden sein müssen, damit der Körper im Gleichgewicht bleibt. Dann hat man eine experimentelle Überprüfung der Regel von der Zusammensetzung der Kräfte.

Aber was haben wir alles in allem getan? Wir haben die Kraft, der der Faden ausgesetzt ist, durch die Verformung definiert, die der Faden erfährt, was recht vernünftig ist; dann haben wir zugegeben, dass, wenn ein Körper an diesem Faden befestigt ist, die Kraft, die durch den Faden auf ihn übertragen wird, gleich der Wirkung ist, die dieser Körper auf den Faden ausübt; schließlich haben wir uns des Prinzips der Gleichheit von Aktion und Reaktion bedient und es nicht als eine Erfahrungswahrheit, sondern als die Definition der Kraft selbst betrachtet.

Diese Definition ist ebenso konventionell wie die von Kirchhoff, aber sie ist viel weniger allgemein.

Nicht alle Kräfte werden durch Fäden übertragen (um sie vergleichen zu können, müssten sie alle durch identische Fäden übertragen werden). Selbst wenn man annimmt, dass die Erde durch einen unsichtbaren Faden an die Sonne gebunden ist, würde man zumindest zustimmen, dass wir keine Möglichkeit haben, die Ausdehnung der Erde zu messen.

In neun von zehn Fällen wäre unsere Definition also fehlerhaft; man könnte ihr keine Art von Bedeutung zuschreiben und müsste auf Kirchhoffs Definition zurückgreifen.

Warum nehmen Sie dann diesen Umweg? Sie lassen eine bestimmte Definition von Kraft zu, die nur in bestimmten Fällen sinnvoll ist. In diesen Fällen überprüfen Sie durch Erfahrung, dass sie zum Gesetz der Beschleunigung führt. Durch dieses Experiment ermächtigt, nehmen Sie dann das Gesetz der Beschleunigung als Definition der Kraft in allen anderen Fällen an.

Wäre es nicht einfacher, das Gesetz der Beschleunigung als eine Definition in allen Fällen zu betrachten und die betreffenden Experimente nicht als Überprüfungen dieses Gesetzes, sondern als Überprüfungen des Reaktionsprinzips zu betrachten oder als Beweis dafür, dass die Verformungen eines elastischen Körpers nur von den Kräften abhängen, denen dieser Körper ausgesetzt ist?

Ganz abgesehen davon, dass die Bedingungen, unter denen Ihre Definition akzeptiert werden könnte, immer nur unvollkommen erfüllt sind, dass ein Faden nie masselos ist, dass er nie einer anderen Kraft als der Reaktion der an seinen Enden befestigten Körper entzogen ist.

Die Ideen von Herrn Andrade sind nicht weniger interessant; sie befriedigen zwar nicht unser Bedürfnis nach Logik, aber sie lassen uns die historische Entstehung der grundlegenden mechanischen Begriffe besser verstehen. Die Überlegungen, die sie uns nahelegen, zeigen uns, wie sich der menschliche Geist von einem naiven Anthropomorphismus zu den heutigen Vorstellungen der Wissenschaft erhoben hat.

Wir sehen am Ausgangspunkt eine sehr spezielle und in Summe ziemlich grobe Erfahrung; am Endpunkt ein ganz allgemeines, ganz präzises Gesetz, dessen Gewissheit wir als absolut betrachten. Diese Gewissheit haben wir ihr sozusagen aus freien Stücken verliehen, indem wir sie als eine Konvention betrachten.

Sind das Gesetz der Beschleunigung und die Regel der Zusammensetzung der Kräfte also nur willkürliche Konventionen? Sie wären es, wenn wir die Experimente aus den Augen verlieren würden, die die Begründer der Wissenschaft dazu veranlasst haben, sie anzunehmen, und die, so unvollkommen sie auch sein mögen, ausreichen, um sie zu rechtfertigen. Es ist gut, wenn wir von Zeit zu Zeit unsere Aufmerksamkeit wieder auf den experimentellen Ursprung dieser Konventionen lenken.

KAPITEL VII

RELATIVE UND ABSOLUTE BEWEGUNG

DAS PRINZIP DER RELATIVBEWEGUNG

Manchmal hat man versucht, das Gesetz der Beschleunigung mit einem allgemeineren Prinzip in Verbindung zu bringen. Die Bewegung eines beliebigen Systems muss denselben Gesetzen gehorchen, unabhängig davon, ob man sie auf feste Achsen oder auf bewegliche Achsen bezieht, die in einer geradlinigen und gleichförmigen Bewegung angetrieben werden. Das ist das Prinzip der Relativbewegung, das sich uns aus zwei Gründen aufdrängt: Erstens wird es durch die gewöhnlichste Erfahrung bestätigt, und zweitens wäre das Gegenteil eine äußerst unpassende Annahme.

Die Relativbewegung dieses Körpers in Bezug auf einen Beobachter mit einer gleichförmigen Geschwindigkeit, die der Anfangsgeschwindigkeit des Körpers entspricht, muss mit seiner absoluten Bewegung identisch sein, wenn er aus der Ruhe heraus startet. Daraus folgert man, dass seine Beschleunigung nicht von seiner absoluten Geschwindigkeit abhängen darf.

Es gab lange Zeit Spuren dieser Demonstration in den Lehrplänen für das Baccalauréat ès sciences. Es ist offensichtlich, dass dieser Versuch vergeblich war. Das Hindernis, das uns daran hinderte, das Beschleunigungsgesetz zu beweisen, bestand darin, dass wir keine Definition der Kraft hatten; dieses Hindernis bleibt ganz bestehen, da das angeführte Prinzip uns nicht die Definition lieferte, die uns fehlte.

Das Prinzip der Relativbewegung ist dennoch sehr interessant und verdient es, für sich genommen untersucht zu werden. Zunächst wollen wir es genau formulieren.

Oben haben wir gesagt, dass die Beschleunigungen der verschiedenen Körper, die Teil eines isolierten Systems sind, nur von ihren relativen

Geschwindigkeiten und Positionen abhängen, nicht aber von ihren absoluten Geschwindigkeiten und Positionen, vorausgesetzt, dass die beweglichen Achsen, auf die sich die relative Bewegung bezieht, in einer geradlinigen und gleichförmigen Bewegung angetrieben werden. Oder, wenn man es besser mag, ihre Beschleunigungen hängen nur von den Unterschieden ihrer Geschwindigkeiten und den Unterschieden ihrer Koordinaten ab, nicht aber von den absoluten Werten dieser Geschwindigkeiten und Koordinaten.

Wenn dieses Prinzip für relative Beschleunigungen, oder besser für Beschleunigungsunterschiede, in Kombination mit dem Reaktionsgesetz gilt, wird man daraus schließen, dass es auch noch für absolute Beschleunigungen gilt.

Es bleibt also noch zu klären, wie man zeigen kann, dass die Unterschiede der Beschleunigungen nur von den Unterschieden der Geschwindigkeiten und Koordinaten abhängen, oder, um in der Sprache der Mathematik zu sprechen, dass diese Koordinatenunterschiede Differentialgleichungen zweiter Ordnung genügen.

Lässt sich dieser Nachweis aus Erfahrungen oder *A-priori-Überlegungen* ableiten?

Wenn sich der Leser an das erinnert, was wir oben gesagt haben, wird er die Antwort von selbst geben.

So formuliert, ähnelt das Prinzip der Relativbewegung in der Tat dem, was ich oben das verallgemeinerte Trägheitsprinzip nannte; es ist nicht ganz dasselbe, da es sich um die Unterschiede der Koordinaten und nicht um die Koordinaten selbst handelt. Das neue Prinzip lehrt uns also etwas mehr als das alte, aber die gleiche Diskussion gilt auch für sie und würde zu den gleichen Schlussfolgerungen führen; es ist unnötig, darauf zurückzukommen.

DAS NEWTONSCHE ARGUMENT

Hier stoßen wir auf eine sehr wichtige und sogar ein wenig beunruhigende Frage. Ich habe gesagt, dass das Prinzip der Relativbewegung für uns nicht nur ein Ergebnis der Erfahrung ist und dass jede gegenteilige Annahme *a priori* dem Verstand widerstreben würde.

Aber warum ist das Prinzip dann nur dann wahr, wenn die Bewegung der beweglichen Achsen geradlinig und gleichförmig ist? Es scheint, als

100

müsste es uns mit der gleichen Kraft auferlegt werden, wenn diese Bewegung variiert oder zumindest auf eine gleichmäßige Rotation reduziert wird. In diesen beiden Fällen trifft das Prinzip jedoch nicht zu.

Ich werde nicht lange auf dem Fall beharren, in dem die Bewegung der Achsen geradlinig ist, ohne gleichförmig zu sein; das Paradoxon hält keinen Augenblick der Prüfung stand. Wenn ich mich in einem Waggon befinde und der Zug, der auf irgendein Hindernis stößt, plötzlich anhält, werde ich auf die gegenüberliegende Bank geschleudert, obwohl ich keiner direkten Kraft ausgesetzt war. Das ist nicht mysteriös, denn während ich keiner äußeren Kraft ausgesetzt war, hat der Zug einen äußeren Schock erlitten. Dass die relative Bewegung zweier Körper gestört wird, sobald die Bewegung des einen oder des anderen durch eine äußere Ursache verändert wird, kann nicht paradox sein.

Ich werde mich länger mit dem Fall der relativen Bewegungen in Bezug auf Achsen, die sich mit einer gleichmäßigen Rotation drehen, beschäftigen. Wenn der Himmel ständig mit Wolken bedeckt wäre und wir keine Möglichkeit hätten, die Gestirne zu beobachten, könnten wir dennoch zu dem Schluss kommen, dass sich die Erde dreht.

Würde es in diesem Fall dennoch Sinn machen, zu sagen, dass sich die Erde dreht? Wenn es keinen absoluten Raum gibt, kann man sich dann drehen, ohne sich in Bezug auf etwas zu drehen, und wie könnten wir andererseits Newtons Schlussfolgerung akzeptieren und an den absoluten Raum glauben?

Es reicht jedoch nicht aus, festzustellen, dass alle möglichen Lösungen uns gleichermaßen schockieren, sondern wir müssen für jede einzelne die Gründe für unsere Abneigung analysieren, um eine informierte Wahl treffen zu können. Wir bitten daher um Entschuldigung für die lange Diskussion, die nun folgt.

Nehmen wir unsere Fiktion wieder auf: Dicke Wolken verbergen die Gestirne vor den Menschen, die sie nicht beobachten können und nicht einmal wissen, dass es sie überhaupt gibt; wie sollen diese Menschen wissen, dass sich die Erde dreht? Wahrscheinlich werden sie noch mehr als unsere Vorfahren auf den Boden schauen, der sie trägt, als fest und unerschütterlich; sie werden noch viel länger auf einen Kopernikus warten. Aber schließlich würde dieser Kopernikus irgendwann kommen; wie würde er kommen?

Die Mechaniker dieser Welt würden nicht zuerst auf einen absoluten Widerspruch stoßen. In der Theorie der Relativbewegung werden neben den realen Kräften auch zwei fiktive Kräfte betrachtet, die man als gewöhnliche Zentrifugalkraft und zusammengesetzte Zentrifugalkraft bezeichnet. Unsere imaginären Wissenschaftler könnten also alles erklären, indem sie diese beiden Kräfte als real betrachten, und sie würden darin keinen Widerspruch zum verallgemeinerten Trägheitsprinzip sehen, da diese Kräfte von den relativen Positionen der verschiedenen Teile des Systems abhängen würden, wie die realen Anziehungen, und von ihren relativen Geschwindigkeiten, wie die realen Reibungen.

Wenn es ihnen gelänge, ein isoliertes System zu realisieren, würde der Schwerpunkt dieses Systems keine annähernd geradlinige Bahn haben. Um diese Tatsache zu erklären, könnten sie die Zentrifugalkräfte anführen, die sie als real ansehen würden und die sie zweifellos auf die gegenseitigen Aktionen der Körper zurückführen würden. Sie würden nur nicht sehen, dass diese Kräfte bei größeren Entfernungen, d. h. bei besserer Isolierung, aufgehoben werden.

Diese Schwierigkeit würde ihnen schon ziemlich groß erscheinen; und doch würde sie sie nicht lange aufhalten: Sie würden sich bald ein sehr subtiles Medium vorstellen, analog zu unserem Äther, in dem alle Körper baden und das eine abstoßende Wirkung auf sie ausüben würde.

Aber das ist noch nicht alles. Der Raum ist symmetrisch, und doch würden die Gesetze der Bewegung keine Symmetrie aufweisen; sie müssten zwischen rechts und links unterscheiden. So würden wir zum Beispiel sehen, dass Wirbelstürme immer in die gleiche Richtung rotieren, während diese Meteore aus Gründen der Symmetrie sowohl in die eine als auch in die andere Richtung rotieren müssten. Wenn es unseren Wissenschaftlern durch harte Arbeit gelungen wäre, ihr Universum vollkommen symmetrisch zu machen, würde diese Symmetrie nicht bestehen, obwohl es keinen ersichtlichen Grund gibt, warum sie in einer Richtung eher gestört werden sollte als in der anderen.

Sie würden zweifellos damit durchkommen, sie würden etwas erfinden, das nicht außergewöhnlicher wäre als die Glaskugeln des Ptolemäus, und so würde es weitergehen, Komplikationen anhäufen, bis der erwartete Kopernikus sie alle mit einem Schlag wegfegte und sagte: Es ist viel einfacher, zuzugeben, dass die Erde sich dreht.

Und so wie unser Kopernikus sagte: Es ist bequemer anzunehmen, dass sich die Erde dreht, weil man so die Gesetze der Astronomie in einer viel einfacheren Sprache ausdrückt, so würde dieser sagen: Es ist bequemer anzunehmen, dass sich die Erde dreht, weil man so die Gesetze der Mechanik in einer viel einfacheren Sprache ausdrückt.

Das ändert jedoch nichts daran, dass der absolute Raum, d. h. das Koordinatensystem, auf das man die Erde beziehen müsste, um zu wissen, ob sie sich tatsächlich dreht, keine objektive Existenz hat. Daher ist die Behauptung "Die Erde dreht sich" bedeutungslos, da sie durch kein Experiment überprüft werden kann, da ein solches Experiment nicht nur vom kühnsten Jules Verne weder durchgeführt noch erträumt werden könnte, sondern auch nicht ohne Widerspruch denkbar ist; oder besser gesagt, die beiden Aussagen "Die Erde dreht sich" und : "es ist bequemer anzunehmen, dass die Erde sich dreht", haben ein und dieselbe Bedeutung; in dem einen ist nicht mehr als in dem anderen.

Vielleicht gibt man sich damit noch nicht zufrieden und findet es bereits schockierend, dass es unter all den Annahmen oder vielmehr Konventionen, die wir diesbezüglich treffen können, eine gibt, die bequemer ist als die anderen.

Aber wenn man dies ohne weiteres zugegeben hat, als es um die Gesetze der Astronomie ging, warum sollte man dann bei der Mechanik daran Anstoß nehmen?

Wir haben gesehen, dass die Koordinaten von Körpern durch Differentialgleichungen zweiter Ordnung bestimmt werden und dass dies auch für die Differenzen dieser Koordinaten gilt. Dies haben wir als das verallgemeinerte Trägheitsprinzip und das Prinzip der Relativbewegung bezeichnet. Wenn die Entfernungen dieser Körper in gleicher Weise durch Gleichungen zweiter Ordnung bestimmt würden, so scheint es, dass der Geist völlig zufrieden sein sollte. In welchem Ausmaß erhält der Geist diese Zufriedenheit und warum gibt er sich nicht damit zufrieden?

Um uns dies zu verdeutlichen, nehmen wir am besten ein einfaches Beispiel. Ich nehme ein System an, das unserem Sonnensystem ähnlich ist, von dem aus man aber keine Fixsterne außerhalb dieses Systems sehen kann, sodass die Astronomen nur die gegenseitigen Entfernungen der Planeten und der Sonne beobachten können, nicht aber die absoluten Längen der Planeten. Wenn wir die Differentialgleichungen, die die Variation dieser Abstände definieren, direkt aus Newtons Gesetz ableiten, werden diese Gleichungen nicht zweiter Ordnung sein. Ich meine, wenn wir neben dem Newtonschen Gesetz auch die Anfangswerte dieser Entfernungen und ihrer Ableitungen nach der Zeit kennen würden, würde das nicht ausreichen, um die Werte derselben Entfernungen zu einem späteren Zeitpunkt zu bestimmen. Es würde noch eine Angabe fehlen, und diese Angabe könnte zum Beispiel das sein, was die Astronomen die Flächenkonstante nennen.

Aber hier können wir zwei verschiedene Standpunkte einnehmen; wir können zwischen zwei Arten von Konstanten unterscheiden. In den Augen des Physikers lässt sich die Welt auf eine Reihe von Phänomenen reduzieren, die nur von den anfänglichen Phänomenen einerseits und den Gesetzen, die die Folgen mit den vorhergehenden Phänomenen verbinden, andererseits abhängen. Wenn uns die Beobachtung also lehrt, dass eine bestimmte Größe eine Konstante ist, haben wir die Wahl zwischen zwei Betrachtungsweisen.

Oder wir geben zu, dass es ein Gesetz gibt, das besagt, dass diese Größe nicht variieren kann, sondern dass es Zufall ist, dass sie zu Beginn der Jahrhunderte diesen Wert eher hatte als jenen, den sie seitdem beibehalten hat. Diese Größe könnte dann eine *zufällige* Konstante genannt werden.

Oder wir geben stattdessen zu, dass es ein Naturgesetz gibt, das dieser Größe diesen und nicht jenen Wert aufzwingt. Dann haben wir das, was man eine *essentielle* Konstante nennen kann.

Nach Newtons Gesetzen muss zum Beispiel die Dauer der Erdumdrehung konstant sein. Wenn sie aber 366 siderische Tage und so weiter beträgt und nicht 800 oder 400, dann ist das auf irgendeinen anfänglichen Zufall zurückzuführen. Es handelt sich um eine zufällige Konstante. Wenn hingegen der Exponent der Entfernung, der im Ausdruck der Anziehungskraft vorkommt, gleich -2 und nicht -3 ist, dann ist das kein Zufall, sondern weil das Newtonsche Gesetz es verlangt. Dies ist eine wesentliche Konstante.

Ich weiß nicht, ob diese Art, dem Zufall seinen Anteil zuzuweisen, an sich legitim ist und ob diese Unterscheidung nicht etwas Künstliches hat; sicher ist zumindest, dass, solange die Natur Geheimnisse hat, sie in der Anwendung stark willkürlich und immer prekär sein wird.

Was die Flächenkonstante betrifft, so pflegen wir sie als zufällig anzusehen. Ist es sicher, dass unsere imaginären Astronomen das Gleiche tun würden? Wenn sie zwei verschiedene Sonnensysteme miteinander vergleichen könnten, würden sie auf die Idee kommen, dass diese Konstante mehrere verschiedene Werte haben kann; aber ich habe zu Beginn zu Recht angenommen, dass ihr System isoliert erscheint und dass sie keinen Stern beobachten, der ihm fremd ist. Unter diesen Bedingungen könnten sie nur eine einzige Konstante sehen, die einen einzigen, absolut unveränderlichen Wert hat.

Eine Bemerkung am Rande, um einem Einwand vorzubeugen: Die Bewohner dieser fiktiven Welt könnten die Flächenkonstante weder beobachten noch definieren, wie wir es tun, da ihnen die absoluten Längengrade entgehen; das würde sie aber nicht daran hindern, schnell eine bestimmte Konstante zu bemerken, die sich natürlich in ihre Gleichungen einfügen würde und nichts anderes wäre als das, was wir als Flächenkonstante bezeichnen.

Aber dann wird Folgendes passieren. Wenn die Flächenkonstante als wesentlich, als von einem Naturgesetz abhängig angesehen wird, reicht es aus, die Anfangswerte dieser Entfernungen und die ihrer ersten Ableitungen zu kennen, um die Entfernungen der Planeten zu einem beliebigen Zeitpunkt zu berechnen. Unter diesem neuen Gesichtspunkt werden die Entfernungen durch Differentialgleichungen zweiter Ordnung geregelt werden.

Würde der Geist dieser Astronomen dennoch vollständig befriedigt werden? Ich glaube nicht. Zunächst einmal würden sie bald feststellen, dass ihre Gleichungen viel einfacher werden, wenn sie ihre Gleichungen differenzieren, um die Ordnung zu erhöhen. Und vor allem würde ihnen die Schwierigkeit auffallen, die sich aus der Symmetrie ergibt. Man müsste unterschiedliche Gesetze annehmen, je nachdem, ob die Gesamtheit der Planeten die Gestalt eines bestimmten Polyeders oder die des symmetrischen Polyeders aufweist, und man könnte dieser Konsequenz nur entgehen, indem man die Flächenkonstante als zufällig ansieht.

Ich habe ein ganz besonderes Beispiel genommen, denn ich habe Astronomen angenommen, die sich überhaupt nicht mit Erdmechanik beschäftigen und deren Blick auf das Sonnensystem beschränkt wäre. Unsere Schlussfolgerungen gelten jedoch für alle Fälle. Unser Universum ist größer als ihr Universum, da wir Fixsterne haben, aber es ist dennoch auch begrenzt, und dann könnten wir über unser gesamtes Universum argumentieren, so wie diese Astronomen über ihr Sonnensystem.

Wir sehen also, dass wir letztendlich zu dem Schluss kommen würden, dass die Gleichungen, die die Abstände definieren, von höherer als zweiter Ordnung sind. Warum sind wir darüber schockiert, warum finden wir es ganz natürlich, dass die Folge der Phänomene von den Anfangswerten der ersten Ableitungen dieser Entfernungen abhängt, während wir zögern zuzugeben, dass sie von den Anfangswerten der zweiten Ableitungen abhängen können? Das kann nur an den Geistesgewohnheiten liegen, die in uns durch das ständige Studium des verallgemeinerten Trägheitsprinzips und seiner Folgen entstanden sind.

Die Werte von Entfernungen zu einem beliebigen Zeitpunkt hängen von ihren Anfangswerten, den Werten ihrer ersten Ableitungen und noch etwas anderem ab. Was ist dieses *andere*?

Wenn man nicht will, dass es sich einfach nur um eine der zweiten Ableitungen handelt, hat man nur die Wahl der Annahmen. Anzunehmen, wie man es gewöhnlich tut, dass dieses andere Ding die absolute Orientierung des Universums im Raum ist, oder die Geschwindigkeit, mit der sich diese Orientierung ändert, das mag sein, das ist sicherlich die bequemste Lösung für den Geometer; es ist nicht die befriedigendste für den Philosophen, da es diese Orientierung nicht gibt.

Man kann annehmen, dass dieses andere Ding die Position oder die Geschwindigkeit irgendeines unsichtbaren Körpers ist; das haben einige Leute getan und ihn sogar den Alphakörper genannt, obwohl wir dazu bestimmt sind, von diesem Körper nie etwas anderes als seinen Namen zu wissen. Dies ist ein ganz ähnlicher Kunstgriff wie der, den ich am Ende des Abschnitts über meine Überlegungen zum Trägheitsprinzip erwähnt habe.

Aber alles in allem ist die Schwierigkeit künstlich. Sofern die zukünftigen Anzeigen unserer Instrumente nur von den Anzeigen abhängen, die sie uns gegeben haben oder die sie uns früher hätten geben können, ist das alles, was wir brauchen. In dieser Hinsicht können wir beruhigt sein.

KAPITEL VIII

ENERGIE UND THERMODYNAMIK

DAS ENERGIESYSTEM

Die Schwierigkeiten, die die klassische Mechanik aufwirft, haben einige Geister dazu veranlasst, ihr ein neues System vorzuziehen, das sie als energetisch bezeichnen.

Das Energiesystem entstand nach der Entdeckung des Grundsatzes der Energieerhaltung. Es war Helmholtz, der ihm seine endgültige Form gab.

Wir beginnen damit, zwei Größen zu definieren, die in dieser Theorie die grundlegende Rolle spielen. Diese beiden Größen sind: zum einen die *kinetische Energie* oder lebendige Kraft; zum anderen die *potenzielle Energie*.

Alle Veränderungen, die die Körper der Natur durchlaufen können, werden von zwei experimentellen Gesetzen geregelt:

1°Die Summe der kinetischen und der potenziellen Energie ist eine Konstante. Dies ist der Grundsatz der Energieerhaltung.

2. Befindet sich ein Körpersystem zur Zeit *t0 in der* Situation A und zur Zeit *t1 in der* Situation B, so bewegt es sich stets von der ersten zur zweiten Situation auf einem solchen Weg, dass der Mittelwert der Differenz zwischen den beiden Energiearten im Zeitintervall zwischen den beiden Epochen *t0* und *t1 so* klein wie möglich ist.

Dies ist das Hamilton-Prinzip, das eine Form des Prinzips der geringsten Tat ist.

Die Energietheorie hat gegenüber der klassischen Theorie folgende Vorteile:

1° Sie ist weniger unvollständig; d. h. die Grundsätze der Energieerhaltung und Hamilton lehren uns mehr als die Grundprinzipien der klassischen Theorie und schließen bestimmte Bewegungen aus, die die Natur nicht ausführt und die mit der klassischen Theorie vereinbar wären;

2° Sie befreit uns von der Annahme von Atomen, die mit der klassischen Theorie fast unmöglich zu vermeiden war.

Doch sie wirft ihrerseits neue Schwierigkeiten auf:

Die Definitionen der beiden Arten von Energie sind kaum einfacher als die Definitionen von Kraft und Masse im ersten System. Die Definitionen von Energie und Energieformen sind nicht so einfach wie die Definitionen von Energie und Energieformen, aber sie sind zumindest in den einfachsten Fällen einfacher zu handhaben.

Nehmen wir ein isoliertes System an, das aus einer Anzahl von materiellen Punkten besteht; nehmen wir an, dass diese Punkte Kräften ausgesetzt sind, die nur von ihrer relativen Position und ihren gegenseitigen Abständen abhängen und unabhängig von ihren Geschwindigkeiten sind. Nach dem Grundsatz der Energieerhaltung muss es eine Funktion der Kräfte geben.

In diesem einfachen Fall ist die Formulierung des Grundsatzes der Energieerhaltung äußerst einfach. Eine bestimmte Größe, die der Erfahrung zugänglich ist, muss konstant bleiben. Diese Größe ist die Summe von zwei Termen; der erste hängt nur von der Position der materiellen Punkte ab und ist unabhängig von ihren Geschwindigkeiten; der zweite ist proportional zum Quadrat dieser Geschwindigkeiten. Diese Zerlegung kann nur auf eine einzige Weise erfolgen.

Der erste dieser Terme, den ich U nennen werde, ist die potenzielle Energie; der zweite, den ich T nennen werde, ist die kinetische Energie.

Es stimmt, dass, wenn $T + U$ eine Konstante ist, dies auch für eine beliebige Funktion von $T + U$ gilt,

$$\varphi(T + U).$$

Aber diese Funktion $\varphi(T + U)$ wird nicht die Summe zweier Terme sein, von denen der eine unabhängig von den Geschwindigkeiten und der andere proportional zum Quadrat dieser Geschwindigkeiten ist. Unter den Funktionen, die konstant bleiben, gibt es nur eine, die diese Eigenschaft besitzt, nämlich $T + U$ (oder eine lineare Funktion von $T + U$, was nichts ausmacht, da diese lineare Funktion immer auf $T + U$ zurückgeführt werden kann, indem man die Einheit und den Ursprung ändert). Das ist dann das, was wir als Energie bezeichnen; den ersten Term nennen wir potentielle Energie, den zweiten kinetische Energie. Die Definition der beiden Arten von Energie kann also ohne jede Zweideutigkeit bis zum Ende durchgezogen werden.

Dasselbe gilt für die Definition von Massen. Die kinetische Energie oder lebendige Kraft lässt sich ganz einfach mithilfe der Massen und der relativen Geschwindigkeiten aller materiellen Punkte in Bezug auf einen von ihnen ausdrücken. Diese Relativgeschwindigkeiten sind der Beobachtung zugänglich, und wenn wir den Ausdruck der kinetischen Energie als Funktion dieser Relativgeschwindigkeiten haben, geben uns die Koeffizienten dieses Ausdrucks die Massen an.

So kann man in diesem einfachen Fall die Grundbegriffe ohne Schwierigkeiten definieren. Die Schwierigkeiten tauchen jedoch in komplizierteren Fällen wieder auf und zum Beispiel, wenn die Kräfte, anstatt nur von den Entfernungen abzuhängen, auch von den Geschwindigkeiten abhängen. Weber nimmt zum Beispiel an, dass die gegenseitige Wirkung zweier elektrischer Moleküle nicht nur von ihrer Entfernung, sondern auch von ihrer Geschwindigkeit und ihrer Beschleunigung abhängt. Wenn sich materielle Punkte nach einem ähnlichen Gesetz anziehen würden, wäre U von der Geschwindigkeit abhängig und könnte einen Term enthalten, der proportional zum Quadrat der Geschwindigkeit ist.

Wie kann man unter den Termen, die proportional zu den Quadraten der Geschwindigkeiten sind, unterscheiden, ob sie von T oder von U stammen? Wie kann man folglich zwischen den beiden Teilen der Energie unterscheiden?

Aber es geht noch weiter: Wie kann man Energie selbst definieren? Wir haben keinen Grund mehr, $T + U$ statt einer anderen Funktion von $T + U$ als Definition zu nehmen, wenn die Eigenschaft, die $T + U$ charakterisierte, nämlich die Summe zweier Terme einer bestimmten Form zu sein, verschwunden ist.

Aber das ist noch nicht alles, wir müssen nicht nur die eigentliche mechanische Energie berücksichtigen, sondern auch die anderen Formen der Energie, Wärme, chemische Energie, elektrische Energie etc. Der Grundsatz der Energieerhaltung muss lauten:

$$T + U + Q = \text{konst.}$$

wobei T die spürbare kinetische Energie darstellen würde, U die potenzielle Positionsenergie, die nur von der Position der Körper abhängt,

Q die molekulare innere Energie in thermischer, chemischer oder elektrischer Form.

Alles wäre in Ordnung, wenn diese drei Begriffe absolut verschieden wären, wenn T proportional zum Quadrat der Geschwindigkeiten wäre, U unabhängig von diesen Geschwindigkeiten und dem Zustand der Körper, Q unabhängig von den Geschwindigkeiten und Positionen der Körper und nur von ihrem inneren Zustand abhängig.

Der Ausdruck Energie könnte nur auf eine einzige Weise in drei Terme dieser Form zerlegt werden.

Aber so ist es nicht; betrachten wir elektrifizierte Körper: Die elektrostatische Energie aufgrund ihrer gegenseitigen Wirkung wird natürlich von ihrer Ladung, d. h. ihrem Zustand, abhängen; aber sie wird auch von ihrer Position abhängen. Wenn diese Körper in Bewegung sind, werden sie elektrodynamisch aufeinander einwirken, und die elektrodynamische Energie wird nicht nur von ihrem Zustand und ihrer Position, sondern auch von ihren Geschwindigkeiten abhängen.

Wir haben also keine Möglichkeit mehr, die Begriffe, die zu T, U und Q gehören sollen, zu sortieren und die drei Teile der Energie zu trennen.

Wenn (T + U + Q) konstant ist, gilt dies auch für eine beliebige Funktion.

$\varphi(T + U + Q)$.

Wenn T + U + Q von der besonderen Form wäre, die ich oben betrachtet habe, würde sich daraus keine Zweideutigkeit ergeben; von den Funktionen $\varphi(T + U + Q)$, die konstant bleiben, gäbe es nur eine, die von dieser besonderen Form wäre, und das wäre diejenige, die ich passenderweise Energie nennen würde.

Aber wie gesagt, es ist nicht streng so; unter den Funktionen, die konstant bleiben, gibt es keine, die streng in diese besondere Form gebracht werden können; wie können wir also unter ihnen diejenige auswählen, die Energie genannt werden soll? Wir haben nichts mehr, was uns bei unserer Wahl leiten könnte.

Wir haben nur noch eine Aussage für den Grundsatz der Energieerhaltung; *es gibt etwas, das konstant bleibt*. In dieser Form befindet er sich wiederum außerhalb der Reichweite der Erfahrung und reduziert sich auf eine Art Tautologie. Es ist klar, dass es, wenn die Welt von Gesetzen regiert wird, bestimmte Größen geben wird, die konstant bleiben. Wie Newtons Prinzipien und aus einem ähnlichen Grund könnte auch der auf Erfahrung beruhende Grundsatz der Energieerhaltung nicht mehr durch sie entkräftet werden.

Diese Diskussion zeigt, dass mit dem Übergang vom klassischen System zum Energiesystem ein Fortschritt erzielt wurde; gleichzeitig zeigt sie aber auch, dass dieser Fortschritt nicht ausreichend ist.

Ein anderer Einwand erscheint mir noch schwerwiegender: Das Prinzip der geringsten Wirkung ist auf reversible Phänomene anwendbar; es ist jedoch in Bezug auf irreversible Phänomene keineswegs zufriedenstellend; der Versuch von Helmholtz, es auf diese Art von Phänomenen auszudehnen, war nicht erfolgreich und konnte nicht erfolgreich sein: In dieser Hinsicht bleibt alles noch zu tun.

Schon die Formulierung des Prinzips der geringsten Wirkung hat etwas Schockierendes für den Verstand. Um von einem Punkt zu einem anderen zu gelangen, wird ein materielles Molekül, das der Wirkung jeglicher Kraft entzogen ist, sich aber auf einer Oberfläche bewegen muss, die geodätische Linie, d. h. den kürzesten Weg, nehmen.

Dieses Molekül scheint den Punkt zu kennen, an den wir es bringen wollen, es kann die Zeit vorhersagen, die es braucht, um diesen Punkt auf diesem oder jenem Weg zu erreichen, und dann den geeignetsten Weg wählen. Die Aussage stellt es uns sozusagen als ein beseeltes und freies Wesen vor. Es ist klar, dass es besser wäre, sie durch eine weniger anstößige Aussage zu ersetzen, in der, wie die Philosophen sagen würden, die Endursachen nicht an die Stelle der Wirkungsursachen zu treten scheinen.

THERMODYNAMIK[4]

Die Rolle der beiden Grundprinzipien der Thermodynamik in allen Zweigen der Naturphilosophie wird von Tag zu Tag wichtiger. Wir geben die ehrgeizigen Theorien von vor vierzig Jahren auf, die mit molekularen Hypothesen belastet waren, und versuchen heute, das gesamte Gebäude der mathematischen Physik auf der Thermodynamik allein zu errichten. Werden die beiden Prinzipien von Meyer und Clausius ihm ein Fundament geben, das stark genug ist, um eine gewisse Zeit zu überdauern? Niemand zweifelt daran; aber woher nehmen wir diese Zuversicht?

Ein angesehener Physiker sagte mir einmal über das Fehlergesetz: Alle glauben fest daran, weil die Mathematiker sich vorstellen, dass es eine Beobachtungstatsache ist, und die Beobachter, dass es ein Theorem der Mathematik ist. So war es lange Zeit auch mit dem Grundsatz der Energieerhaltung. Heute ist das nicht mehr so; niemand ignoriert, dass es sich um eine experimentelle Tatsache handelt.

Aber wer gibt uns dann das Recht, dem Prinzip selbst mehr Allgemeingültigkeit und Genauigkeit zuzuschreiben als den Experimenten, die zu seinem Nachweis dienten? Das ist die Frage, ob es legitim ist, empirische Daten zu verallgemeinern, wie es täglich geschieht, und ich werde mir nicht anmaßen, diese Frage zu erörtern, nachdem sich so viele Philosophen vergeblich bemüht haben, sie zu entscheiden. Nur eines ist sicher: Wenn uns diese Fähigkeit verwehrt würde, könnte die Wissenschaft nicht existieren oder zumindest auf eine Art Inventar, auf die Feststellung isolierter Tatsachen reduziert werden; sie hätte für uns keinen Preis, da sie unser Bedürfnis nach Ordnung und Harmonie nicht befriedigen könnte und gleichzeitig unfähig wäre, vorauszusehen. Da die Umstände, die einer beliebigen Tatsache vorausgingen, wahrscheinlich nie alle auf einmal wiederkehren werden, bedarf es bereits einer ersten Verallgemeinerung, um vorherzusagen, ob diese Tatsache wiederkehren wird, sobald sich auch nur der geringste dieser Umstände geändert hat.

Aber jeder Satz kann auf unendlich viele Arten verallgemeinert werden. Unter all den möglichen Verallgemeinerungen müssen wir eine auswählen, und wir können nur die einfachste auswählen. Wir werden also dazu verleitet, so zu handeln, als sei ein einfaches Gesetz unter sonst gleichen Umständen wahrscheinlicher als ein kompliziertes Gesetz.

Vor einem halben Jahrhundert bekannte man sich offen dazu und verkündete, dass die Natur die Einfachheit liebt; seitdem hat sie uns zu viele Widerlegungen geliefert. Heute bekennt man sich nicht mehr zu dieser Tendenz und behält nur das bei, was unerlässlich ist, um die Wissenschaft nicht unmöglich zu machen.

Indem wir nach relativ wenigen Experimenten, die gewisse Abweichungen aufweisen, ein allgemeines, einfaches und präzises Gesetz formulierten, haben wir also nur einer Notwendigkeit gehorcht, der sich der menschliche Geist nicht entziehen kann.

Aber es gibt noch etwas mehr und deshalb bestehe ich darauf.

Niemand bezweifelt, dass Meyers Prinzip alle Einzelgesetze überleben wird, aus denen es abgeleitet wurde, so wie das Newtonsche Gesetz die Keplerschen Gesetze überlebt hat, aus denen es hervorgegangen war und die nur noch annähernd stimmen, wenn man die Störungen berücksichtigt.

Warum nimmt dieses Prinzip so eine Art Vorzugsstellung unter allen physikalischen Gesetzen ein? dafür gibt es viele kleine Gründe.

Zunächst einmal glaubt man, dass wir ihn nicht ablehnen oder sogar seine absolute Strenge bezweifeln könnten, ohne die Möglichkeit der ewigen Bewegung zuzugeben; wir wehren uns natürlich gegen eine solche Perspektive und halten uns für weniger verwegen, wenn wir etwas behaupten, als wenn wir es verneinen.

Das ist vielleicht nicht ganz richtig; die Unmöglichkeit des Perpetuum mobile führt nur bei umkehrbaren Phänomenen zur Erhaltung der Energie.

Die imposante Einfachheit von Meyers Prinzip trägt ebenfalls dazu bei, unseren Glauben zu festigen. Bei einem Gesetz, das wie das von Mariotte unmittelbar aus der Erfahrung abgeleitet wird, würde uns diese Einfachheit eher als Grund für Misstrauen erscheinen; aber hier ist es nicht mehr so; wir sehen, wie Elemente, die auf den ersten Blick disparat sind, sich in einer unerwarteten Reihenfolge anordnen und ein harmonisches Ganzes bilden; und wir weigern uns zu glauben, dass diese unvorhergesehene Harmonie eine bloße Wirkung des Zufalls ist. Es scheint, dass unsere Eroberung umso teurer ist, je mehr Mühe sie uns gekostet hat, oder dass wir umso sicherer sind, der Natur ihr wahres Geheimnis entlockt zu haben, je eifersüchtiger sie darauf zu sein schien, es uns vorzuenthalten.

Aber das sind nur kleine Gründe; um Meyers Gesetz zu einem absoluten Prinzip zu erheben, wäre eine ausführlichere Diskussion nötig. Wenn man aber versucht, diese zu machen, sieht man, dass dieses absolute Prinzip nicht einmal leicht zu formulieren ist.

In jedem Einzelfall wird deutlich, was Energie ist, und man kann sie zumindest vorläufig definieren; eine allgemeine Definition ist jedoch unmöglich zu finden.

Wenn man das Prinzip in seiner ganzen Allgemeinheit aussprechen und auf das Universum anwenden will, sieht man es sozusagen verpuffen und es bleibt nur noch dies übrig: *Es gibt etwas, das konstant bleibt.*

Aber hat selbst das einen Sinn? Unter der deterministischen Hypothese wird der Zustand des Universums durch eine übermäßig große Anzahl n von Parametern bestimmt, die ich $x_1, x_2, ..., x_n$ nennen werde. Sobald man zu einem beliebigen Zeitpunkt die Werte dieser n Parameter kennt, kennt man auch ihre Ableitungen nach der Zeit und kann folglich die Werte derselben Parameter zu einem früheren oder späteren Zeitpunkt berechnen. Mit anderen Worten, diese n Parameter erfüllen n Differentialgleichungen erster Ordnung.

Diese Gleichungen lassen $n - 1$ Integrale zu und daher gibt es *n-1* Funktionen von x1, *x2, ..., xn , die konstant bleiben. Wenn wir also sagen, dass es etwas gibt, das konstant bleibt,* sprechen wir nur eine Tautologie aus. Es wäre sogar peinlich zu sagen, welches unserer Integrale den Namen Energie behalten soll.

In diesem Sinne ist das Meyer-Prinzip übrigens nicht gemeint, wenn man es auf ein begrenztes System anwendet.

Wir nehmen dann an, dass p unserer n Parameter auf unabhängige Weise variieren, so dass wir nur $n - p$ meist lineare Beziehungen zwischen unseren n Parametern und ihren Ableitungen haben.

Nehmen wir der Einfachheit halber an, dass die Summe der Arbeit der äußeren Kräfte und die Summe der nach außen abgegebenen Wärmemengen gleich Null ist. Die Bedeutung unseres Prinzips ist dann wie folgt.

Es gibt eine Kombination dieser $n - p$ Beziehungen, deren erstes Mitglied ein exaktes Differential ist; und da dieses Differential dann aufgrund unserer n - p Beziehungen null ist, ist sein Integral eine Konstante und es ist dieses Integral, das man Energie nennt.

Aber wie kann es sein, dass es mehrere Parameter gibt, deren Variationen unabhängig voneinander sind? Dies kann nur unter dem Einfluss äußerer Kräfte geschehen (obwohl wir der Einfachheit halber angenommen haben, dass die algebraische Summe der Arbeiten dieser Kräfte null ist). Wenn das System in der Tat jeder äußeren Einwirkung völlig entzogen wäre, würden die Werte unserer n Parameter zu einem bestimmten Zeitpunkt ausreichen, um den Zustand des Systems zu einem beliebigen späteren Zeitpunkt zu bestimmen, vorausgesetzt, wir bleiben bei der deterministischen Hypothese; wir würden also wieder auf dieselbe Schwierigkeit wie oben stoßen.

Wenn der zukünftige Zustand des Systems nicht vollständig durch seinen aktuellen Zustand bestimmt wird, dann hängt er zusätzlich vom Zustand der Körper außerhalb des Systems ab. Ist es dann aber wahrscheinlich, dass es zwischen den Parametern *x,* die den Zustand des

114

Systems definieren, Gleichungen gibt, die von diesem Zustand der äußeren Körper unabhängig sind; und wenn wir in manchen Fällen glauben, solche Gleichungen finden zu können, ist das dann nicht nur eine Folge unserer Unwissenheit und weil der Einfluss dieser Körper zu schwach ist, als dass unsere Erfahrung ihn erkennen könnte?

Wenn das System nicht als vollständig isoliert betrachtet wird, ist es wahrscheinlich, dass der genaue Ausdruck seiner inneren Energie vom Zustand der äußeren Körper abhängen muss. Wenn man sich von dieser etwas künstlichen Einschränkung befreien will, wird die Aussage noch schwieriger.

Um Meyers Prinzip zu formulieren und ihm eine absolute Bedeutung zu geben, muss man es also auf das gesamte Universum ausdehnen, und dann steht man vor derselben Schwierigkeit, die man zu vermeiden suchte.

Zusammenfassend und um die gewöhnliche Sprache zu verwenden, kann das Gesetz von der Erhaltung der Energie nur eine Bedeutung haben, nämlich dass es eine Eigenschaft gibt, die allen Möglichen gemeinsam ist; unter der deterministischen Annahme gibt es jedoch nur eine einzige Möglichkeit und dann hat das Gesetz keine Bedeutung mehr.

In der indeterministischen Hypothese hingegen würde sie eine solche annehmen, selbst wenn man sie in einem absoluten Sinne verstehen wollte; sie würde als eine der Freiheit auferlegte Grenze erscheinen.

Aber dieses Wort warnt mich, dass ich mich verirre und den Bereich der Mathematik und Physik verlassen werde. Ich halte also inne und möchte aus dieser ganzen Diskussion nur einen Eindruck mitnehmen, nämlich den, dass das Meyersche Gesetz eine Form ist, die flexibel genug ist, um fast alles hineinzupacken, was man will. Ich will damit nicht sagen, dass es keiner objektiven Realität entspricht oder auf eine einfache Tautologie reduziert ist, da es in jedem einzelnen Fall und vorausgesetzt, man will nicht bis zum Absoluten gehen, eine vollkommen klare Bedeutung hat.

Diese Flexibilität ist ein Grund, an ihre lange Dauer zu glauben, und da sie andererseits nur verschwinden wird, um in einer höheren Harmonie aufzugehen, können wir mit Zuversicht arbeiten, indem wir uns auf sie stützen und uns im Voraus sicher sein, dass unsere Arbeit nicht verloren geht.

Fast alles, was ich gerade gesagt habe, trifft auf das Clausius-Prinzip zu. Was es auszeichnet, ist, dass es sich durch eine Ungleichung ausdrückt. Man wird vielleicht sagen, dass dies auch für alle physikalischen Gesetze gilt, da ihre Genauigkeit immer durch Beobachtungsfehler eingeschränkt ist. Aber sie erheben zumindest den Anspruch, erste Annäherungen zu sein, und man hat die Hoffnung, sie nach und nach durch immer genauere Gesetze zu ersetzen. Wenn das Clausius-Prinzip hingegen auf eine Ungleichheit hinausläuft, liegt die Ursache nicht in der Unvollkommenheit unserer Beobachtungsmittel, sondern in der Natur der Sache selbst.

ALLGEMEINE SCHLUSSFOLGERUNGEN AUS DEM DRITTEN TEIL

Die Prinzipien der Mechanik stehen uns also unter zwei verschiedenen Aspekten gegenüber. Einerseits sind sie Wahrheiten, die auf der Erfahrung beruhen und in Bezug auf fast isolierte Systeme nur annähernd überprüft wurden. Andererseits sind sie Postulate, die auf das gesamte Universum anwendbar sind und als streng wahr angesehen werden.

Wenn diese Postulate eine Allgemeinheit und Gewissheit besitzen, die den experimentellen Wahrheiten, aus denen sie abgeleitet wurden, fehlte, so liegt das daran, dass sie sich letztlich auf eine einfache Konvention reduzieren, die wir machen dürfen, weil wir im Voraus sicher sind, dass kein Experiment sie widerlegen wird.

Diese Konvention ist jedoch nicht absolut willkürlich; sie entspringt nicht unserer Laune; wir nehmen sie an, weil uns einige Erfahrungen gezeigt haben, dass sie praktisch wäre.

So lässt sich erklären, wie die Erfahrung die Prinzipien der Mechanik aufstellen konnte und warum sie sie dennoch nicht umstoßen kann.

Vergleichen wir das mit der Geometrie. Auch die Grundaussagen der Geometrie, wie z. B. Euklids Postulat, sind nur Konventionen, und es ist genauso unvernünftig zu untersuchen, ob sie wahr oder falsch sind, wie zu fragen, ob das metrische System wahr oder falsch ist.

Nur sind diese Konventionen bequem, und das lehren uns bestimmte Erfahrungen.

Auf den ersten Blick ist die Analogie vollständig; die Rolle des Experiments scheint die gleiche zu sein. Man wird also versucht sein zu sagen: Entweder ist die Mechanik als eine experimentelle Wissenschaft zu betrachten, dann muss das Gleiche auch für die Geometrie gelten; oder aber die Geometrie ist eine deduktive Wissenschaft, dann kann man das Gleiche auch für die Mechanik sagen.

Eine solche Schlussfolgerung wäre nicht legitim. Die Experimente, die uns dazu gebracht haben, die grundlegenden Konventionen der Geometrie als bequemer anzunehmen, beziehen sich auf Gegenstände, die nichts mit denen gemein haben, die die Geometrie untersucht; sie beziehen sich auf die Eigenschaften fester Körper, auf die geradlinige Ausbreitung des Lichts. Es sind Experimente der Mechanik, Experimente der Optik; sie können in keiner Weise als Experimente der Geometrie betrachtet werden. Und der Hauptgrund, warum uns unsere Geometrie so bequem erscheint, ist, dass die verschiedenen Teile unseres Körpers, unser Auge, unsere Gliedmaßen, eben die Eigenschaften fester Körper besitzen. Sie beziehen sich nicht auf den Raum, der das Objekt ist, das der Geometer untersuchen muss, sondern auf seinen Körper, d. h. auf das Instrument, das er für diese Untersuchung benutzen muss.

Im Gegenteil: Die grundlegenden Konventionen der Mechanik und die Experimente, die uns zeigen, dass sie bequem sind, beziehen sich sehr wohl auf dieselben oder ähnliche Objekte. Die konventionellen und allgemeinen Prinzipien sind die natürliche und direkte Verallgemeinerung der experimentellen und besonderen Prinzipien.

Wenn ich die eigentliche Geometrie durch eine Schranke vom Studium der festen Körper trenne, könnte ich ebenso gut eine Schranke zwischen der experimentellen Mechanik und der konventionellen Mechanik der allgemeinen Prinzipien errichten. Wer sieht nicht, dass ich durch die Trennung dieser beiden Wissenschaften die eine wie die andere verstümmele und dass das, was von der konventionellen Mechanik übrig bleibt, wenn sie isoliert ist, nur sehr wenig sein wird und in keiner Weise mit diesem großartigen Körper der Lehre verglichen werden kann, den man Geometrie nennt?

Jetzt wird klar, warum der Unterricht in Mechanik experimentell bleiben muss.

Nur so kann er uns die Entstehung der Wissenschaft verständlich machen, und das ist für das vollständige Verständnis der Wissenschaft selbst unerlässlich.

Die Mechanik wird studiert, um sie anzuwenden, und sie kann nur angewandt werden, wenn sie objektiv bleibt. Wie wir gesehen haben, gewinnen die Prinzipien an Allgemeinheit und Gewissheit, verlieren aber an Objektivität. Dies kann man nur tun, indem man vom Besonderen zum Allgemeinen geht, anstatt umgekehrt.

Prinzipien sind verschleierte Konventionen und Definitionen. Sie werden jedoch aus experimentellen Gesetzen abgeleitet, diese Gesetze wurden sozusagen zu Prinzipien erhoben, denen unser Geist einen absoluten Wert zuschreibt.

Einige Philosophen haben zu sehr verallgemeinert; sie glaubten, dass die Prinzipien die gesamte Wissenschaft seien und dass folglich die gesamte Wissenschaft konventionell sei.

Diese paradoxe Lehre, die als Nominalismus bezeichnet wurde, hält einer Prüfung nicht stand.

Wie kann ein Gesetz zu einem Prinzip werden? Es drückte ein Verhältnis zwischen zwei realen Termen A und B aus. Aber es war nicht streng wahr, sondern nur eine Annäherung. Wir führen willkürlich einen mehr oder weniger fiktiven Zwischenterm C ein, und C ist *per Definition das,* was zu A *genau* die durch das Gesetz ausgedrückte Beziehung hat.

Dann zerfiel unser Gesetz in ein absolutes und strenges Prinzip, das das Verhältnis von A zu C ausdrückt, und ein angenähertes und revidierbares experimentelles Gesetz, das das Verhältnis von C zu B ausdrückt. Es ist klar, dass, egal wie weit man diese Zerlegung treibt, immer Gesetze übrig bleiben werden.

Wir werden nun in den Bereich der eigentlichen Gesetze eintreten.

VIERTER TEIL

DIE NATUR

KAPITEL IX

ANNAHMEN IN DER PHYSIK

ROLLE VON ERFAHRUNG UND VERALLGEMEINERUNG

Die Erfahrung ist die einzige Quelle der Wahrheit: Nur sie kann uns etwas Neues lehren; nur sie kann uns Gewissheit geben. Das sind zwei Punkte, die niemand bestreiten kann.

Aber wenn das Experiment alles ist, welchen Platz wird dann noch für die mathematische Physik bleiben? Was hat die Experimentalphysik mit einem solchen Hilfsmittel zu tun, das nutzlos und vielleicht sogar gefährlich erscheint?

Und doch gibt es die mathematische Physik; sie hat unbestreitbar gute Dienste geleistet; hier liegt eine Tatsache vor, die erklärt werden muss.

Es reicht nicht, nur zu beobachten, man muss seine Beobachtungen auch nutzen, und dazu muss man verallgemeinern. Das hat man zu allen Zeiten getan; nur da die Erinnerung an vergangene Fehler den Menschen immer vorsichtiger gemacht hat, hat man immer mehr beobachtet und immer weniger verallgemeinert.

Jedes Jahrhundert verspottete das vorherige und beschuldigte es, zu schnell und zu naiv verallgemeinert zu haben. Descartes hatte Mitleid mit den Ioniern; Descartes wiederum lässt uns lächeln; zweifellos werden unsere Söhne eines Tages über uns lachen.

Aber können wir dann nicht gleich bis zum Ende gehen? Ist das nicht der Weg, um dem Spott, den wir erwarten, zu entgehen? Können wir uns nicht mit der nackten Erfahrung begnügen?

Nein, das ist unmöglich; es würde bedeuten, den wahren Charakter der Wissenschaft völlig zu verkennen. Der Wissenschaftler muss ordnen; man macht Wissenschaft aus Fakten wie ein Haus aus Steinen; aber eine Anhäufung von Fakten ist ebenso wenig eine Wissenschaft wie ein Haufen Steine ein Haus ist.

Und vor allem muss der Wissenschaftler vorhersehen. Carlyle schrieb irgendwo etwas in der Art wie folgt:

"Es kommt allein auf die Tatsache an; Johannes ohne Erde ist hier vorbeigekommen, das ist das Bewundernswerte, das ist eine Realität, für die ich alle Theorien der Welt hergeben würde." Carlyle war ein Landsmann von Bacon; aber Bacon hätte das nicht gesagt. Das ist die Sprache des Historikers. Der Physiker würde eher sagen: "Johannes ohne Erde ist hier vorbeigekommen.

Wir alle wissen, dass es gute und schlechte Erfahrungen gibt. Diese werden sich vergeblich anhäufen; ob man nun hundert oder tausend Experimente gemacht hat, eine einzige Arbeit eines wahren Meisters, eines Pasteurs zum Beispiel, wird ausreichen, um sie in Vergessenheit geraten zu lassen. Bacon hätte das gut verstanden; er war es, der das Wort *experimentum crucis* erfunden hat. Aber Carlyle sollte es nicht verstehen. Eine Tatsache ist eine Tatsache; ein Schüler hat diese Zahl auf seinem Thermometer abgelesen, er hatte keine Vorsichtsmaßnahmen getroffen; egal, er hat sie abgelesen, und wenn es nur auf die Tatsache ankommt, dann ist sie genauso eine Realität wie die Wanderungen von König Johann ohne Land. Warum ist die Tatsache, dass dieser Schüler diese Lesung gemacht hat, uninteressant, während die Tatsache, dass ein geschickter Physiker eine andere Lesung gemacht hätte, im Gegenteil sehr wichtig wäre? Der Grund ist, dass wir aus der ersten Lesung nichts schließen können. Was ist also ein gutes Experiment? Es ist diejenige, die uns etwas anderes als eine isolierte Tatsache erkennen lässt; es ist diejenige, die uns erlaubt, Vorhersagen zu treffen, d. h. diejenige, die uns erlaubt, zu verallgemeinern.

Denn ohne Verallgemeinerung ist eine Vorhersage unmöglich. Die Umstände, unter denen man operiert hat, werden niemals alle auf einmal eintreten. Das einzige, was man sagen kann, ist, dass unter ähnlichen Umständen ein ähnlicher Sachverhalt eintreten wird. Um etwas vorherzusagen, muss man sich also zumindest auf die Analogie berufen, d. h. man muss bereits verallgemeinern.

Die Erfahrung liefert uns nur eine bestimmte Anzahl von Einzelpunkten, die wir durch eine durchgehende Linie verbinden müssen; das ist eine echte Verallgemeinerung. Aber man tut noch mehr: Die Kurve, die man zeichnet, verläuft zwischen den beobachteten Punkten und in der Nähe dieser Punkte; sie verläuft nicht durch diese Punkte selbst. Ein Physiker, der auf diese Korrekturen verzichten und sich wirklich mit der nackten Erfahrung begnügen wollte, wäre gezwungen, sehr außergewöhnliche Gesetze zu formulieren.

Die nackten Tatsachen können uns also nicht genügen; deshalb brauchen wir die geordnete oder besser gesagt organisierte Wissenschaft.

Es wird oft gesagt, dass man ohne vorgefasste Meinung experimentieren sollte. Das ist nicht möglich; es würde nicht nur jedes Experiment unfruchtbar machen, sondern man würde es auch wollen und könnte es nicht. Jeder trägt seine Weltanschauung in sich, die er nicht so leicht loswerden kann. Wir müssen uns zum Beispiel der Sprache bedienen, und unsere Sprache ist nur von vorgefassten Meinungen durchdrungen und kann nicht von etwas anderem durchdrungen sein. Nur sind es unbewusste Vorurteile, die tausendmal gefährlicher sind als andere.

Ich glaube nicht, dass dies der Fall ist; ich glaube vielmehr, dass sie sich gegenseitig als Gegengewicht dienen werden, ich würde fast sagen, als Gegenmittel; sie werden im Allgemeinen schlecht miteinander harmonieren; sie werden miteinander in Konflikt geraten und uns dadurch zwingen, die Dinge aus verschiedenen Blickwinkeln zu betrachten. Das ist genug, um uns zu befreien: Man ist kein Sklave mehr, wenn man sich seinen Herrn aussuchen kann.

Wir dürfen jedoch nicht vergessen, dass nur die erste Tatsache sicher ist, während alle anderen nur wahrscheinlich sind. Wie solide eine Vorhersage auch sein mag, wir sind nie *absolut sicher,* dass die Erfahrung sie nicht widerlegen wird, wenn wir sie zu überprüfen versuchen. Aber die Wahrscheinlichkeit ist oft groß genug, dass wir uns praktisch damit zufriedengeben können. Es ist besser, ohne Sicherheit zu prognostizieren, als gar nicht zu prognostizieren.

Man darf es also nie verschmähen, eine Überprüfung durchzuführen, wenn sich die Gelegenheit dazu bietet. Aber jedes Experiment ist lang und schwierig, die Zahl der Arbeiter ist gering und die Zahl der Tatsachen, die wir vorhersagen müssen, ist riesig; neben dieser Masse wird die Zahl der direkten Überprüfungen, die wir vornehmen können, immer nur eine vernachlässigbare Menge sein.

Aus dem Wenigen, das wir direkt erreichen können, müssen wir das Beste machen; jedes Experiment muss uns so viele Vorhersagen wie möglich und mit dem höchsten Grad an Wahrscheinlichkeit ermöglichen, der möglich ist. Das Problem besteht sozusagen darin, den Wirkungsgrad der wissenschaftlichen Maschine zu erhöhen.

Man erlaube mir, die Wissenschaft mit einer Bibliothek zu vergleichen, die ständig wachsen muss; der Bibliothekar hat für seine Einkäufe nur unzureichende Mittel zur Verfügung; er muss sich bemühen, sie nicht zu verschwenden.

Die Experimentalphysik ist für den Einkauf zuständig, sodass nur sie die Bibliothek bereichern kann.

Was die mathematische Physik betrifft, so wird sie die Aufgabe haben, den Katalog zu erstellen. Wenn dieser Katalog gut gemacht ist, wird die Bibliothek dadurch nicht reicher. Aber er kann dem Leser helfen, diesen Reichtum zu nutzen.

Und selbst wenn es dem Bibliothekar die Lücken in seinen Sammlungen aufzeigt, wird es ihm ermöglichen, seine Mittel sinnvoll einzusetzen; was umso wichtiger ist, als diese Mittel völlig unzureichend sind.

Dies ist also die Rolle der mathematischen Physik; sie muss die Verallgemeinerung so lenken, dass sie das, was ich vorhin den Ertrag der Wissenschaft nannte, erhöht. Mit welchen Mitteln sie dies erreicht und wie sie dies gefahrlos tun kann, das müssen wir noch untersuchen.

DIE EINHEIT DER NATUR

Beachten wir zunächst, dass jede Verallgemeinerung in gewissem Maße den Glauben an die Einheit und Einfachheit der Natur voraussetzt. Bei der Einheit kann es keine Schwierigkeiten geben. Wenn die verschiedenen Teile des Universums nicht wie die Organe ein und desselben Körpers wären, würden sie nicht aufeinander einwirken, sondern sich gegenseitig ignorieren; und wir im Besonderen würden nur einen einzigen Teil kennen. Wir müssen uns also nicht fragen, ob die Natur eine ist, sondern wie sie eine ist.

Was den zweiten Punkt betrifft, so ist dies nicht so einfach. Es ist nicht sicher, dass die Natur einfach ist. Können wir gefahrlos so tun, als ob sie es wäre?

Es gab eine Zeit, in der die Einfachheit von Mariottes Gesetz ein Argument war, das für seine Genauigkeit angeführt wurde; Fresnel selbst hielt sich, nachdem er in einem Gespräch mit Laplace gesagt hatte, die Natur kümmere sich nicht um analytische Schwierigkeiten, für verpflichtet,

Erklärungen zu geben, um die herrschende Meinung nicht zu sehr zu verletzen.

Heute haben sich die Vorstellungen sehr verändert; und dennoch sind diejenigen, die nicht glauben, dass die Naturgesetze einfach sein müssen, noch immer oft gezwungen, so zu tun, als ob sie es glaubten. Sie könnten sich dieser Notwendigkeit nicht völlig entziehen, ohne jede Verallgemeinerung und damit jede Wissenschaft unmöglich zu machen.

Es ist klar, dass ein beliebiger Sachverhalt auf unendlich viele Arten verallgemeinert werden kann, und es geht darum, eine Wahl zu treffen; die Wahl kann nur von Überlegungen zur Einfachheit geleitet werden. Nehmen wir den banalsten Fall, den der Interpolation. Wir ziehen eine durchgehende, möglichst gleichmäßige Linie zwischen den von der Beobachtung vorgegebenen Punkten. Warum vermeiden wir eckige Punkte und zu abrupte Biegungen? Warum lassen wir unsere Kurve nicht die launischsten Zickzacklinien beschreiben? Weil wir im Voraus wissen oder zu wissen glauben, dass das Gesetz, das wir ausdrücken wollen, nicht so kompliziert sein kann.

Man kann die Masse des Jupiters entweder aus den Bewegungen seiner Satelliten, aus den Störungen der großen Planeten oder aus denen der kleinen Planeten ableiten. Nimmt man den Durchschnitt der durch diese drei Methoden erhaltenen Bestimmungen, so findet man drei Zahlen, die sehr nahe beieinander liegen, sich aber dennoch unterscheiden. Man könnte dieses Ergebnis interpretieren, indem man annimmt, dass der Koeffizient der Gravitation in den drei Fällen nicht derselbe ist; die Beobachtungen würden sicherlich viel besser dargestellt werden. Warum lehnen wir diese Interpretation ab? Nicht, weil sie absurd ist, sondern weil sie unnötig kompliziert ist. Wir werden sie nur an dem Tag akzeptieren, an dem sie sich durchsetzt, und das tut sie noch nicht.

Zusammenfassend lässt sich sagen, dass am häufigsten jedes Gesetz als einfach gilt, bis das Gegenteil bewiesen ist.

Diese Gewohnheit ist den Physikern aus den soeben erläuterten Gründen auferlegt; aber wie lässt sie sich angesichts der Entdeckungen rechtfertigen, die uns jeden Tag neue, reichere und komplexere Details zeigen? Denn wenn alles von allem abhängt, können Beziehungen, an denen so viele verschiedene Objekte beteiligt sind, nicht mehr einfach sein.

Wenn wir die Geschichte der Wissenschaft untersuchen, sehen wir zwei sozusagen umgekehrte Phänomene: Mal ist es die Einfachheit, die sich unter komplexen Äußerlichkeiten verbirgt, mal ist es im Gegenteil die Einfachheit, die scheinbar ist und äußerst komplizierte Realitäten verbirgt.

Was ist komplizierter als die unruhigen Bewegungen der Planeten, was einfacher als das Newtonsche Gesetz? Hier spielt die Natur, wie Fresnel sagte, mit den analytischen Schwierigkeiten, verwendet nur einfache Mittel und erzeugt durch deren Kombination, ich weiß nicht, welches unentwirrbare Geflecht. Das ist die verborgene Einfachheit, die es zu entdecken gilt.

Es gibt viele Beispiele für das Gegenteil. In der kinetischen Theorie der Gase werden Moleküle mit hohen Geschwindigkeiten betrachtet, deren Bahnen, verformt durch unaufhörliche Stöße, die launischsten Formen annehmen und den Raum in alle Richtungen durchfurchen. Das beobachtbare Ergebnis ist das einfache Gesetz von Mariotte; jede einzelne Tatsache war kompliziert; das Gesetz der großen Zahlen hat die Einfachheit im Durchschnitt wiederhergestellt. Hier ist die Einfachheit nur scheinbar, und die Grobheit unserer Sinne hindert uns allein daran, die Komplexität zu erkennen.

Viele Phänomene gehorchen einem Gesetz der Proportionalität; aber warum? Weil es in diesen Phänomenen etwas gibt, das sehr klein ist. Das beobachtete einfache Gesetz ist dann nur eine Übersetzung jener allgemeinen analytischen Regel, nach der der unendlich kleine Zuwachs einer Funktion proportional zum Zuwachs der Variablen ist. Da unsere Zuwächse in Wirklichkeit nicht unendlich klein, sondern sehr klein sind, ist das Gesetz der Proportionalität nur eine Annäherung und die Einfachheit nur scheinbar. Was ich gerade gesagt habe, gilt für die Regel der Überlagerung der kleinen Bewegungen, deren Anwendung so fruchtbar ist und die die Grundlage der Optik bildet.

Und das Newtonsche Gesetz selbst? Seine Einfachheit, die so lange verborgen war, ist vielleicht nur scheinbar. Wer weiß, ob es nicht durch irgendeinen komplizierten Mechanismus, den Zusammenstoß irgendeiner subtilen Materie, die von unregelmäßigen Bewegungen angetrieben wird, entstanden ist und ob es nur durch das Spiel der Mittelwerte und der großen Zahlen einfach geworden ist? Auf jeden Fall ist es schwierig, nicht anzunehmen, dass das wahre Gesetz komplementäre Terme enthält, die bei kleinen Entfernungen empfindlich werden würden. Wenn sie in der Astronomie vor dem Newtonschen vernachlässigbar sind und das Gesetz auf diese Weise seine Einfachheit wiedererlangt, so wäre dies nur auf die Enormität der Himmelsentfernungen zurückzuführen.

Zweifellos würden wir, wenn unsere Untersuchungsmethoden immer durchdringender würden, das Einfache unter dem Komplexen entdecken, dann das Komplexe unter dem Einfachen, dann wieder das Einfache unter dem Komplexen und so weiter, ohne dass wir vorhersagen könnten, welches das letzte Ende sein wird.

Irgendwo muss man aufhören, und damit Wissenschaft möglich ist, muss man aufhören, wenn man die Einfachheit gefunden hat. Das ist der einzige Boden, auf dem wir das Gebäude unserer Verallgemeinerungen errichten können. Aber wird dieser Boden, da diese Einfachheit nur scheinbar ist, fest genug sein? Das ist die Frage, die es zu klären gilt.

Um dies zu erreichen, wollen wir sehen, welche Rolle der Glaube an die Einfachheit in unseren Verallgemeinerungen spielt. Wir haben ein einfaches Gesetz in einer ziemlich großen Anzahl von Einzelfällen überprüft; wir weigern uns zuzugeben, dass dieses so oft wiederholte Zusammentreffen eine bloße Folge des Zufalls ist, und schließen daraus, dass das Gesetz im allgemeinen Fall wahr sein muss.

Kepler bemerkt, dass die von Tycho beobachteten Positionen eines Planeten alle auf einer einzigen Ellipse liegen. Er kommt nicht einen Augenblick auf den Gedanken, dass Tycho durch ein einzigartiges Spiel des Zufalls immer nur dann in den Himmel schaute, wenn die wahre Bahn des Planeten diese Ellipse schnitt.

Was spielt es also für eine Rolle, ob die Einfachheit echt ist oder ob sie eine komplexe Wahrheit verdeckt? Ob sie nun auf den Einfluss großer Zahlen zurückzuführen ist, der individuelle Unterschiede nivelliert, oder ob sie auf die Größe oder Kleinheit bestimmter Größen zurückzuführen ist, die es erlaubt, bestimmte Begriffe zu vernachlässigen - in jedem Fall ist sie nicht zufällig. Diese Einfachheit, ob real oder scheinbar, hat immer eine Ursache. Wir können also immer die gleiche Argumentation anstellen, und wenn ein einfaches Gesetz in mehreren Einzelfällen beobachtet wurde, können wir mit Recht annehmen, dass es auch in ähnlichen Fällen noch wahr ist. Wenn wir uns dem verweigern, würden wir dem Zufall eine unzulässige Rolle zuweisen.

Dennoch gibt es einen Unterschied. Wenn die Einfachheit wirklich und tiefgreifend wäre, würde sie der zunehmenden Genauigkeit unserer Messmittel standhalten; wenn wir also die Natur für zutiefst einfach halten, müssten wir von einer angenäherten Einfachheit auf eine strenge Einfachheit schließen. So wurde es früher gemacht; so dürfen wir es nicht mehr machen.

Die Einfachheit der Keplerschen Gesetze zum Beispiel ist nur scheinbar. Das schließt nicht aus, dass sie auf alle Systeme, die dem Sonnensystem ähnlich sind, mehr oder weniger zutreffen, aber es verhindert, dass sie streng exakt sind.

ROLLE DER HYPOTHESE

Jede Verallgemeinerung ist eine Hypothese; die Hypothese hat also eine notwendige Rolle, die niemand je bestritten hat. Nur muss sie immer, so früh wie möglich und so oft wie möglich, einer Überprüfung unterzogen werden. Es versteht sich von selbst, dass man sie ohne Hintergedanken aufgeben muss, wenn sie dieser Prüfung nicht standhält. Das tut man in der Regel auch, wenn auch manchmal mit etwas schlechter Laune.

Nun, selbst diese schlechte Laune ist nicht gerechtfertigt; der Physiker, der soeben eine seiner Hypothesen aufgegeben hat, sollte im Gegenteil voller Freude sein, denn er hat eine unverhoffte Gelegenheit zur Entdeckung gefunden. Seine Hypothese, so nehme ich an, war nicht leichtfertig angenommen worden; sie berücksichtigte alle bekannten Faktoren, die bei dem Phänomen eine Rolle zu spielen schienen. Wenn die Überprüfung nicht stattfindet, bedeutet das, dass es etwas Unerwartetes, Außergewöhnliches gibt; es bedeutet, dass wir Unbekanntes und Neues finden werden.

War die so umgekehrte Hypothese also unfruchtbar? Weit gefehlt, man kann sagen, dass sie mehr Dienste geleistet hat als eine wahre Hypothese; sie war nicht nur der Anlass für das entscheidende Experiment, sondern man hätte dieses Experiment zufällig durchgeführt, ohne die Hypothese aufgestellt zu haben, und man hätte nichts daraus gelernt; man hätte nichts Außergewöhnliches darin gesehen; man hätte nur eine weitere Tatsache katalogisiert, ohne daraus die geringste Konsequenz abzuleiten.

Unter welchen Bedingungen ist der Gebrauch der Hypothese nun sicher?

Der feste Vorsatz, sich der Erfahrung zu unterwerfen, reicht nicht aus; es gibt noch gefährliche Annahmen; das sind zunächst und vor allem diejenigen, die stillschweigend und unbewusst sind. Da wir sie machen, ohne uns dessen bewusst zu sein, sind wir machtlos, sie aufzugeben. Auch hier kann uns die mathematische Physik also einen Dienst erweisen. Durch die ihr eigene Präzision zwingt sie uns, all die Annahmen zu formulieren, die wir ohne sie treffen würden, ohne es zu ahnen.

Andererseits ist es wichtig, die Annahmen nicht übermäßig zu vervielfältigen, sondern nur eine nach der anderen zu treffen. Wenn wir eine Theorie aufstellen, die auf mehreren Annahmen beruht, und wenn die Erfahrung sie verurteilt, welche unserer Prämissen ist dann diejenige, die wir ändern müssen? Es wird unmöglich sein, dies herauszufinden. Und umgekehrt, wenn das Experiment erfolgreich ist, wird man dann glauben, dass man alle diese Annahmen auf einmal überprüft hat? Wird man glauben, dass man mit einer einzigen Gleichung mehrere Unbekannte bestimmt hat?

Man muss auch darauf achten, zwischen den verschiedenen Arten von Annahmen zu unterscheiden. Zunächst gibt es jene, die ganz natürlich sind und denen man sich kaum entziehen kann. Es ist schwer, nicht anzunehmen, dass der Einfluss weit entfernter Körper völlig vernachlässigbar ist, dass kleine Bewegungen einem linearen Gesetz gehorchen und dass die Wirkung eine kontinuierliche Funktion ihrer Ursache ist. Dasselbe gilt für die Bedingungen, die durch die Symmetrie auferlegt werden. Alle diese Annahmen bilden sozusagen den gemeinsamen Grundstock aller Theorien der mathematischen Physik. Sie sind die letzten, die wir aufgeben müssen.

Es gibt eine zweite Kategorie von Annahmen, die ich als indifferent bezeichnen möchte. Bei den meisten Fragen geht der Analytiker zu Beginn seiner Berechnung davon aus, dass die Materie entweder kontinuierlich ist oder umgekehrt, dass sie aus Atomen besteht. Hätte er das Gegenteil getan, hätte sich an seinen Ergebnissen nichts geändert; er hätte nur mehr Mühe gehabt, sie zu erhalten. Wenn das Experiment dann seine Schlussfolgerungen bestätigt, wird er dann glauben, dass er z. B. die tatsächliche Existenz von Atomen bewiesen hat?

In den optischen Theorien werden zwei Vektoren eingeführt, von denen man den einen als Geschwindigkeit und den anderen als Wirbel betrachtet. Dies ist wiederum eine gleichgültige Hypothese, da man zu denselben Schlussfolgerungen gelangt wäre, wenn man genau das Gegenteil getan hätte; der Erfolg des Experiments kann also nicht beweisen, dass der erste Vektor eine Geschwindigkeit ist; er beweist nur eines, nämlich dass er ein Vektor ist; dies ist die einzige Hypothese, die man wirklich in die Prämissen eingeführt hat. Um ihm den konkreten Anschein zu geben, den die Schwäche unseres Geistes verlangt, musste man ihn wohl entweder als

Geschwindigkeit oder als Wirbel betrachten; ebenso musste man ihn durch einen Buchstaben darstellen, entweder durch *x* oder durch y; aber das Ergebnis, wie immer es auch ausfallen mag, wird nicht beweisen, dass man Recht oder Unrecht hatte, ihn als Geschwindigkeit zu betrachten; ebenso wenig wird es beweisen, dass man Recht oder Unrecht hatte, ihn *x und* nicht *y zu* nennen.

Diese indifferenten Hypothesen sind niemals gefährlich, solange man ihren Charakter nicht verkennt. Sie können nützlich sein, sei es als Rechenkunstgriff oder um unser Verständnis durch konkrete Bilder zu unterstützen, um die Ideen zu fixieren, wie man sagt. Es gibt also keinen Grund, sie zu verbieten.

Die Hypothesen der dritten Kategorie sind die eigentlichen Verallgemeinerungen. Sie sind es, die durch das Experiment bestätigt oder widerlegt werden müssen. Wenn sie überprüft oder verurteilt werden, können sie fruchtbar sein. Aber aus den von mir genannten Gründen sind sie nur dann erfolgreich, wenn sie nicht vervielfältigt werden.

URSPRUNG DER MATHEMATISCHEN PHYSIK

Lassen Sie uns tiefer eindringen und die Bedingungen, die die Entwicklung der mathematischen Physik ermöglicht haben, genauer untersuchen. Wir erkennen auf Anhieb, dass die Bemühungen der Wissenschaftler immer darauf gerichtet waren, das komplexe Phänomen, das direkt durch die Erfahrung gegeben ist, in eine sehr große Anzahl von elementaren Phänomenen aufzulösen.

Und das auf drei verschiedene Arten: Zunächst einmal in zeitlicher Hinsicht. Anstatt die fortschreitende Entwicklung eines Phänomens in ihrer Gesamtheit zu erfassen, versucht man einfach, jeden Augenblick mit dem unmittelbar vorhergehenden Augenblick zu verbinden; man nimmt an, dass der gegenwärtige Zustand der Welt nur von der nächsten Vergangenheit abhängt, ohne sozusagen direkt von der Erinnerung an eine ferne Vergangenheit beeinflusst zu werden. Dank dieses Postulats kann man, anstatt die gesamte Abfolge der Phänomene direkt zu untersuchen, sich darauf beschränken, die "Differentialgleichung" zu schreiben.

Dann versucht man, das Phänomen räumlich zu zerlegen. Die Erfahrung liefert uns eine verwirrende Ansammlung von Ereignissen, die sich auf einer Bühne von einer bestimmten Ausdehnung abspielen.

130

Einige Beispiele mögen meinen Gedankengang verständlicher machen. Wenn man die Temperaturverteilung in einem sich abkühlenden Festkörper in ihrer ganzen Komplexität untersuchen wollte, könnte man das nie erreichen. Alles wird einfach, wenn man bedenkt, dass ein Punkt des Festkörpers nicht direkt Wärme an einen entfernten Punkt abgeben kann, sondern nur unmittelbar an die nächstgelegenen Punkte, und der Wärmefluss kann von einem Punkt zum nächsten weitere Teile des Festkörpers erreichen. Das elementare Phänomen ist der Wärmeaustausch zwischen zwei benachbarten Punkten; er ist streng lokal begrenzt und relativ einfach, wenn man, wie es natürlich ist, annimmt, dass er nicht von der Temperatur der Moleküle beeinflusst wird, deren Abstand spürbar ist.

Ich biege einen Stab; er wird eine sehr komplizierte Form annehmen, deren direkte Untersuchung unmöglich wäre; aber ich kann sie dennoch angehen, wenn ich beachte, dass seine Biegung nur die Resultierende der Verformung der sehr kleinen Elemente des Stabes ist und dass die Verformung jedes dieser Elemente nur von den Kräften abhängt, die direkt auf ihn einwirken, und keineswegs von denen, die auf die anderen Elemente einwirken können.

In all diesen Beispielen, die ich mühelos vervielfachen könnte, wird angenommen, dass es keine Fernwirkung oder zumindest keine Wirkung über große Entfernungen gibt. Wenn sie auch nur annähernd bestätigt wird, ist sie wertvoll, denn sie ermöglicht es uns, mathematische Physik zumindest in sukzessiven Annäherungen zu betreiben.

Wenn sie der Prüfung nicht standhält, muss man nach etwas anderem Analogem suchen, denn es gibt noch andere Wege, um zu dem elementaren Phänomen zu gelangen. Wenn mehrere Körper gleichzeitig wirken, kann es vorkommen, dass ihre Wirkungen unabhängig voneinander sind und sich einfach addieren, entweder nach Art der Vektoren oder nach Art der skalaren Größen. Das elementare Phänomen ist dann die Wirkung eines isolierten Körpers. Oder man hat es mit kleinen Bewegungen oder allgemeiner mit kleinen Variationen zu tun, die dem bekannten Gesetz der Superposition gehorchen. Die beobachtete Bewegung wird dann in einfache Bewegungen zerlegt, z. B. der Ton in seine Obertöne, das weiße Licht in seine monochromatischen Komponenten.

Wenn man erkannt hat, auf welcher Seite das elementare Phänomen zu suchen ist, auf welchen Wegen kann man es erreichen?

Erstens wird es oft so sein, dass wir, um es zu erraten, oder vielmehr um zu erraten, was uns nützlich ist, nicht unbedingt den Mechanismus durchschauen müssen; das Gesetz der großen Zahlen reicht aus. Nehmen wir noch einmal das Beispiel der Wärmeausbreitung: Jedes Molekül strahlt auf jedes benachbarte Molekül ab; nach welchem Gesetz, brauchen wir nicht zu wissen; wenn wir in dieser Hinsicht etwas annehmen würden, wäre es eine gleichgültige Hypothese und daher nutzlos und nicht überprüfbar. Und tatsächlich nivellieren sich durch die Wirkung der Mittelwerte und dank der Symmetrie des Milieus alle Unterschiede, und egal, welche Hypothese man aufstellt, das Ergebnis ist immer das gleiche.

Der gleiche Umstand tritt in der Theorie der Elastizität und der Kapillarität auf; benachbarte Moleküle ziehen sich an und stoßen sich ab; wir brauchen nicht zu wissen, nach welchem Gesetz; es genügt, dass diese Anziehung nur bei kleinen Entfernungen spürbar ist, dass die Moleküle sehr zahlreich sind, dass das Medium symmetrisch ist und wir müssen nur noch das Gesetz der großen Zahlen wirken lassen.

Auch hier verbarg sich die Einfachheit des elementaren Phänomens unter der Kompliziertheit des resultierenden beobachtbaren Phänomens; doch diese Einfachheit war ihrerseits nur scheinbar und verbarg einen sehr komplexen Mechanismus.

Der beste Weg, um zum elementaren Phänomen zu gelangen, wäre natürlich das Experiment. Man müsste das komplexe Bündel, das die Natur unseren Forschungen anbietet, durch experimentelle Kunstgriffe zerlegen und die möglichst gereinigten Bestandteile sorgfältig untersuchen; zum Beispiel würde man das natürliche weiße Licht mithilfe des Prismas in monochromatisches Licht und mithilfe des Polarisators in polarisiertes Licht zerlegen.

Leider ist das nicht immer möglich oder ausreichend, und manchmal muss der Verstand der Erfahrung zuvorkommen. Ich möchte hier nur ein Beispiel nennen, das mich immer sehr beeindruckt hat.

Wenn ich weißes Licht zerlege, kann ich einen kleinen Teil des Spektrums isolieren, aber wie klein er auch sein mag, er wird eine gewisse Breite behalten. Ähnlich verhält es sich mit dem natürlichen, sogenannten *monochromatischen* Licht, das uns eine sehr feine Linie liefert, die aber dennoch nicht unendlich fein ist. Man könnte annehmen, dass man durch die experimentelle Untersuchung der Eigenschaften dieser natürlichen Lichter, durch das Arbeiten mit immer feineren Spektrallinien und schließlich durch das Überschreiten der Grenze sozusagen die Eigenschaften eines streng monochromatischen Lichts kennenlernen wird.

Das wäre nicht genau. Ich nehme an, dass zwei Strahlen von derselben Quelle ausgehen, dass man sie zunächst in zwei rechteckigen Ebenen polarisiert, dass man sie dann auf dieselbe Polarisationsebene zurückführt und dass man versucht, sie zur Interferenz zu bringen. Wäre das Licht *streng* monochromatisch, würden sie interferieren; aber bei unserem annähernd monochromatischen Licht wird es keine Interferenz geben, und zwar egal, wie schmal die Linie ist; damit es anders wäre, müsste sie mehrere Millionen Mal schmaler sein als die feinsten bekannten Linien.

Hier hätte uns also der Grenzgang getäuscht; der Geist musste der Erfahrung zuvorkommen, und wenn er dies erfolgreich tat, dann weil er sich von dem Instinkt der Einfachheit leiten ließ.

Die Kenntnis der elementaren Tatsache ermöglicht es uns, das Problem in eine Gleichung zu fassen; nun müssen wir nur noch durch Kombination die beobachtbare und überprüfbare komplexe Tatsache ableiten. Dies nennt man *Integration*; sie ist die Aufgabe des Mathematikers.

Man kann sich fragen, warum in den physikalischen Wissenschaften die Verallgemeinerung gerne die mathematische Form annimmt. Der Grund ist nun leicht zu erkennen; es liegt nicht nur daran, dass man numerische Gesetze ausdrücken muss; es liegt daran, dass das beobachtbare Phänomen auf die Überlagerung einer großen Anzahl elementarer Phänomene zurückzuführen ist, die *alle untereinander ähnlich sind*; so werden ganz natürlich die Differentialgleichungen eingeführt.

Es reicht nicht aus, dass jedes elementare Phänomen einfachen Gesetzen gehorcht, sondern alle, die man zu kombinieren hat, müssen demselben Gesetz gehorchen. Nur dann kann die Mathematik hilfreich sein, denn die Mathematik lehrt uns, Ähnliches mit Ähnlichem zu kombinieren. Ihr Ziel ist es, das Ergebnis einer Kombination zu erraten, ohne dass man diese Kombination Stück für Stück wiederholen muss. Wenn wir ein und dieselbe Operation mehrmals wiederholen müssen, ermöglicht uns die Mathematik, diese Wiederholung zu vermeiden, indem sie uns das Ergebnis durch eine Art Induktion im Voraus wissen lässt. Ich habe dies bereits weiter oben im Kapitel über die mathematische Argumentation erläutert.

Dazu müssen aber alle diese Operationen untereinander ähnlich sein; andernfalls müsste man sich natürlich damit abfinden, sie tatsächlich eine nach der anderen durchzuführen, und die Mathematik würde nutzlos werden.

Die mathematische Physik konnte also dank der annähernden Homogenität der von den Physikern untersuchten Materie entstehen.

In den Naturwissenschaften findet man diese Bedingungen nicht mehr: Homogenität, relative Unabhängigkeit entfernter Teile, Einfachheit der elementaren Tatsache, weshalb die Naturalisten gezwungen sind, auf andere Arten der Verallgemeinerung zurückzugreifen.

KAPITEL X

DIE THEORIEN DER MODERNEN PHYSIK

BEDEUTUNG PHYSIKALISCHER THEORIEN

Die Menschen in der Welt sind erstaunt darüber, wie kurzlebig wissenschaftliche Theorien sind. Nach einigen Jahren des Wohlstands sehen sie, wie sie nach und nach aufgegeben werden; sie sehen, wie sich Ruine auf Ruine türmt; sie sehen voraus, dass die Theorien, die heute in Mode sind, in kurzer Zeit ebenfalls untergehen werden, und sie schließen daraus, dass sie absolut wertlos sind. Sie nennen dies den *Bankrott der Wissenschaft.*

Ihre Skepsis ist oberflächlich; sie sind sich des Zwecks und der Rolle wissenschaftlicher Theorien in keiner Weise bewusst, sonst würden sie verstehen, dass Ruinen noch zu etwas gut sein können.

Keine Theorie schien solider als die von Fresnel, der das Licht auf die Bewegungen des Äthers zurückführte. Inzwischen wird ihr jedoch die von Maxwell vorgezogen. Bedeutet dies, dass Fresnels Werk vergeblich war? Nein, denn Fresnels Ziel war es nicht, herauszufinden, ob es tatsächlich einen Äther gibt, ob er aus Atomen besteht oder nicht, ob sich diese Atome tatsächlich in diese oder jene Richtung bewegen; es ging ihm darum, optische Phänomene vorherzusagen.

Die Fresnelsche Theorie ermöglicht dies immer noch, heute genauso gut wie vor Maxwell. Die Differentialgleichungen sind immer noch wahr; man kann sie immer noch mit denselben Verfahren integrieren und die Ergebnisse dieser Integration behalten immer noch ihren vollen Wert.

Und es soll niemand sagen, dass wir damit die physikalischen Theorien auf die Rolle einfacher praktischer Rezepte reduzieren; diese Gleichungen drücken Beziehungen aus, und wenn die Gleichungen wahr bleiben, bedeutet das, dass diese Beziehungen ihre Realität behalten. Sie lehren uns nach wie vor, dass es solche Beziehungen zwischen etwas und etwas anderem gibt; nur nannten wir dieses Etwas früher Bewegung, heute nennen wir es elektrischen Strom. Aber diese Bezeichnungen waren nur Bilder, die an die Stelle der wirklichen Objekte traten, die die Natur für immer vor uns verbergen wird. Die wahren Beziehungen zwischen diesen realen Objekten sind die einzige Realität, die wir erreichen können, und die einzige Bedingung ist, dass es zwischen diesen Objekten die gleichen Beziehungen gibt wie zwischen den Bildern, die wir gezwungen sind, an ihre Stelle zu setzen. Wenn uns diese Beziehungen bekannt sind, spielt es keine Rolle, ob wir es für bequem halten, ein Bild durch ein anderes zu ersetzen.

Ob ein bestimmtes periodisches Phänomen (z. B. eine elektrische Schwingung) tatsächlich auf die Vibration eines bestimmten Atoms zurückzuführen ist, das sich wie ein Pendel verhält und sich tatsächlich in diese oder jene Richtung bewegt, ist weder sicher noch interessant. Aber dass zwischen der elektrischen Schwingung, der Pendelbewegung und allen periodischen Phänomenen eine innige Verwandtschaft besteht, die einer tiefen Wirklichkeit entspricht, dass diese Verwandtschaft, diese Ähnlichkeit oder vielmehr diese Parallelität sich bis ins Detail fortsetzt, dass sie eine Folge allgemeinerer Prinzipien ist, nämlich des Prinzips der Energie und des Prinzips der geringsten Wirkung, das können wir behaupten; das ist die Wahrheit, die unter allen Kostümen, die wir für nützlich halten mögen, immer gleich bleiben wird.

Es wurden zahlreiche Theorien der Streuung aufgestellt; die ersten waren unvollkommen und enthielten nur einen kleinen Teil der Wahrheit. Dann kam die von Helmholtz; dann wurde sie auf verschiedene Weise modifiziert, und der Autor selbst entwarf eine andere, die auf Maxwells Prinzipien beruhte. Bemerkenswert ist jedoch, dass alle Wissenschaftler, die nach Helmholtz kamen, zu denselben Gleichungen gelangten, wobei sie von scheinbar sehr weit auseinander liegenden Ausgangspunkten ausgingen. Ich wage zu behaupten, dass diese Theorien alle auf einmal wahr sind, nicht nur, weil sie uns dieselben Phänomene vorhersagen lassen, sondern weil sie einen wahren Zusammenhang aufzeigen, nämlich den der Absorption und der anormalen Streuung. Was in den Prämissen dieser Theorien wahr ist, ist das, was allen Autoren gemeinsam ist; es ist die Behauptung dieser oder jener Beziehung zwischen bestimmten Dingen, die die einen mit einem Namen und die anderen mit einem anderen bezeichnen.

136

Die kinetische Gastheorie hat zu vielen Einwänden geführt, auf die man kaum antworten könnte, wenn man den Anspruch hätte, in ihr die absolute Wahrheit zu sehen. Aber all diese Einwände werden nicht verhindern, dass sie nützlich war und dass sie insbesondere nützlich war, indem sie uns eine wahre und ohne sie tief verborgene Beziehung offenbarte, nämlich die des Gasdrucks und des osmotischen Drucks. In diesem Sinne kann man also sagen, dass sie wahr ist.

Wenn ein Physiker einen Widerspruch zwischen zwei Theorien feststellt, die ihm gleichermaßen am Herzen liegen, sagt er manchmal: Wir wollen uns nicht darum kümmern, sondern die beiden Enden der Kette fest zusammenhalten, obwohl uns die Zwischenringe verborgen sind. Dieses Argument eines verlegenen Theologen wäre lächerlich, wenn man den physikalischen Theorien die Bedeutung zuschreiben würde, die ihnen die Leute von Welt geben. Im Falle eines Widerspruchs müsste dann zumindest eine von ihnen als falsch angesehen werden. Anders verhält es sich, wenn man in ihnen nur das sucht, was man in ihnen suchen soll. Es kann sein, dass sie beide wahre Beziehungen ausdrücken und dass es nur in den Bildern, in die wir die Wirklichkeit gekleidet haben, einen Widerspruch gibt.

Denjenigen, die finden, dass wir den für den Gelehrten zugänglichen Bereich zu sehr einschränken, möchte ich antworten: Diese Fragen, die wir Ihnen verbieten und die Sie bedauern, sind nicht nur unlösbar, sondern auch illusorisch und bedeutungslos.

Ein Philosoph behauptet, dass sich die gesamte Physik durch die gegenseitigen Stöße der Atome erklären lässt. Wenn er einfach nur sagen will, dass es zwischen den physikalischen Phänomenen die gleichen Beziehungen gibt wie zwischen den gegenseitigen Stößen einer großen Anzahl von Murmeln, dann ist das nichts Besseres, es ist nachprüfbar, es mag wahr sein. Aber er meint etwas mehr; und wir glauben, ihn zu verstehen, weil wir zu wissen glauben, was der Stoß an sich ist; warum? Ganz einfach, weil wir schon oft Billardspiele gesehen haben. Werden wir hören, dass Gott, wenn er sein Werk betrachtet, die gleichen Empfindungen hat wie wir, wenn wir ein Billardspiel sehen? Wenn wir seiner Behauptung nicht diese seltsame Bedeutung geben wollen, wenn wir auch nicht die eingeschränkte Bedeutung wollen, die ich vorhin erklärt habe und die die richtige ist, dann hat sie keine mehr.

Solche Hypothesen haben also nur eine metaphorische Bedeutung. Der Wissenschaftler sollte sie sich ebenso wenig verbieten wie der Dichter sich

Metaphern verbietet; aber er muss wissen, was sie wert sind. Sie können nützlich sein, um dem Geist Befriedigung zu verschaffen, und sie werden nicht schädlich sein, solange sie nur gleichgültige Hypothesen sind.

Diese Überlegungen erklären uns, warum manche Theorien, die man für aufgegeben und durch die Erfahrung endgültig verurteilt hielt, plötzlich wieder aus der Asche auferstehen und ein neues Leben beginnen. Der Grund dafür ist, dass sie wahre Zusammenhänge ausdrückten und dass sie nicht aufgehört hatten, dies zu tun, als wir aus irgendeinem Grund glaubten, die gleichen Zusammenhänge in einer anderen Sprache ausdrücken zu müssen. So hatten sie eine Art latentes Leben bewahrt.

Noch vor fünfzehn Jahren gab es nichts Lächerlicheres, nichts Naiveres und Altmodischeres als die Coulombschen Fluide. Und doch tauchen sie jetzt als *Elektronen* wieder auf. Worin unterscheiden sich diese dauerhaft elektrisierten Moleküle von Coulombs elektrischen Molekülen? Es stimmt, dass in den Elektronen die Elektrizität von etwas Materie getragen wird, aber nur von so wenig; mit anderen Worten, sie haben eine Masse (und selbst die wird ihnen heute noch abgesprochen); aber Coulomb verweigerte seinen Flüssigkeiten die Masse nicht, oder wenn er es tat, dann nur widerwillig. Es wäre verwegen zu behaupten, dass der Glaube an Elektronen nie wieder eine Eklipse erleben wird.

Das prominenteste Beispiel ist jedoch das Prinzip von Carnot. Carnot stellte es auf, indem er von falschen Annahmen ausging; als man feststellte, dass Wärme nicht unzerstörbar ist, sondern in Arbeit umgewandelt werden kann, gab man seine Ideen völlig auf; dann kam Clausius auf sie zurück und verhalf ihnen endgültig zum Triumph. Carnots Theorie in ihrer ursprünglichen Form drückte neben wahren Zusammenhängen auch andere, ungenaue Zusammenhänge aus, die Überbleibsel der alten Ideen; aber das Vorhandensein der letzteren beeinträchtigte die Realität der anderen nicht. Clausius brauchte sie nur zu entfernen, wie man abgestorbene Äste beschneidet.

Das Ergebnis war der zweite Hauptsatz der Thermodynamik. Es waren immer noch die gleichen Beziehungen; auch wenn diese Beziehungen zumindest dem Anschein nach nicht mehr zwischen den gleichen Objekten bestanden. Das war genug, damit das Prinzip seine Gültigkeit behielt. Auch Carnots Argumentationen gingen deshalb nicht unter; sie bezogen sich auf ein fehlerbehaftetes Material, aber ihre Form (d. h. das Wesentliche) blieb korrekt.

Das eben Gesagte erhellt gleichzeitig die Rolle allgemeiner Prinzipien wie dem Prinzip der geringsten Wirkung oder dem Prinzip der Energieerhaltung.

Diese Prinzipien sind von sehr hohem Wert; sie wurden gewonnen, indem man nach Gemeinsamkeiten in den Aussagen vieler physikalischer Gesetze suchte; sie stellen daher sozusagen die Quintessenz unzähliger Beobachtungen dar.

Aus ihrer Allgemeinheit selbst ergibt sich jedoch eine Konsequenz, auf die ich in Kapitel VIII aufmerksam gemacht habe, nämlich dass sie nicht mehr ungeprüft sein können. Da wir keine allgemeine Definition von Energie geben können, bedeutet der Grundsatz der Energieerhaltung lediglich, dass es *etwas gibt, das* konstant bleibt. Nun, welche neuen Vorstellungen wir auch immer durch zukünftige Experimente über die Welt gewinnen werden, wir sind uns im Voraus sicher, dass es etwas geben wird, das konstant bleibt und das wir *Energie* nennen können.

Bedeutet dies, dass das Prinzip bedeutungslos ist und sich in einer Tautologie auflöst? Keineswegs, es bedeutet, dass die verschiedenen Dinge, denen wir den Namen Energie geben, durch eine echte Verwandtschaft verbunden sind; es behauptet zwischen ihnen eine reale Beziehung. Aber wenn dieses Prinzip einen Sinn hat, dann kann es falsch sein; es kann sein, dass man nicht das Recht hat, seine Anwendungen unbegrenzt auszudehnen, und doch ist es von vornherein sicher, dass es in der strengen Bedeutung des Wortes überprüft wird; wie werden wir also gewarnt, wenn es die volle Ausdehnung erreicht hat, die man ihm rechtmäßig geben kann? Ganz einfach, wenn er aufhört, uns nützlich zu sein, d. h. uns neue Phänomene ohne Täuschung vorherzusagen. In diesem Fall werden wir sicher sein, dass die behauptete Beziehung nicht mehr real ist; denn sonst wäre sie fruchtbar; die Erfahrung wird einer weiteren Ausdehnung des Prinzips zwar nicht direkt widersprechen, sie aber dennoch verurteilen.

DIE PHYSIK UND DER MECHANISMUS

Die meisten Theoretiker haben eine ständige Vorliebe für Erklärungen, die aus der Mechanik oder der Dynamik stammen. Die einen wären zufrieden, wenn sie alle Phänomene durch die Bewegungen von Molekülen erklären könnten, die sich nach bestimmten Gesetzen gegenseitig anziehen. Die anderen sind anspruchsvoller und möchten die Fernanziehung ausschalten; ihre Moleküle würden geradlinigen Bahnen folgen, von denen sie nur durch Stöße abgelenkt werden könnten. Wieder andere, wie Hertz, unterdrücken ebenfalls die Kräfte, gehen aber davon aus, dass ihre Moleküle geometrischen Verbindungen unterliegen, die z. B. denen unserer Gelenksysteme ähnlich sind; sie wollen die Dynamik auf eine Art Kinematik reduzieren.

Alle wollen, mit einem Wort, die Natur in eine bestimmte Form biegen, außerhalb derer ihr Geist nicht zufrieden sein kann. Wird die Natur dafür flexibel genug sein?

Wir werden diese Frage in Kapitel XII im Zusammenhang mit Maxwells Theorie untersuchen. Wann immer die Prinzipien der Energie und der geringsten Wirkung erfüllt sind, werden wir sehen, dass es nicht nur immer eine mögliche mechanische Erklärung gibt, sondern dass es immer unendlich viele gibt. Mithilfe eines bekannten Theorems von Herrn Königs über gelenkige Systeme könnte man zeigen, dass man auf unendlich viele Arten alles durch Hertz'sche Verbindungen oder durch zentrale Kräfte erklären kann. Ebenso leicht ließe sich zeigen, dass alles immer noch mit einfachen Stößen erklärt werden kann.

Um dies zu erreichen, darf man sich natürlich nicht mit der gewöhnlichen Materie begnügen, die unseren Sinnen zugänglich ist und deren Bewegungen wir direkt beobachten können. Wir können entweder annehmen, dass diese gewöhnliche Materie aus Atomen besteht, deren Darmbewegungen uns entgehen, während die Gesamtbewegung für unsere Sinne zugänglich bleibt. Oder man stellt sich eine der subtilen Flüssigkeiten vor, die unter dem Namen *Äther* oder unter anderen Namen seit jeher eine so große Rolle in den physikalischen Theorien gespielt haben.

Oft geht man noch weiter und betrachtet den Äther als die einzige Urmaterie oder sogar als die einzig wahre Materie. Die Gemäßigteren betrachten die Vulgärmaterie als kondensierten Äther, was nicht anstößig ist; aber andere reduzieren ihre Bedeutung noch weiter und sehen in ihr nur noch den geometrischen Ort der Singularitäten des Äthers. Zum Beispiel ist für Lord Kelvin das, was wir *Materie* nennen, nur der Ort der Punkte, an denen der Äther von Wirbelbewegungen angetrieben wird; für Riemann war es der Ort der Punkte, an denen der Äther ständig zerstört wird; für andere neuere Autoren, Wiechert oder Larmor, ist es der Ort der Punkte, an denen der Äther eine Art von Verdrehung ganz besonderer Art erfährt. Wenn man sich auf einen dieser Gesichtspunkte stellen will, frage ich mich, mit welchem Recht man die mechanischen Eigenschaften, die man an der vulgären Materie, die nur falsche Materie ist, beobachtet, auf den Äther ausdehnen wird, unter dem Vorwand, dass er echte Materie ist.

Die alten Flüssigkeiten, Kalorik, Elektrizität usw., wurden aufgegeben, als man erkannte, dass die Wärme nicht unzerstörbar ist. Sie wurden aber auch aus einem anderen Grund abgeschafft. Indem man sie materialisierte, betonte man sozusagen ihre Individualität und riss eine Art Abgrund zwischen ihnen auf. Diese Kluft musste überbrückt werden, als man ein stärkeres Gefühl für die Einheit der Natur entwickelte und die engen Beziehungen erkannte, die alle Teile der Natur miteinander verbanden. Die alten Physiker schufen durch die Vermehrung der Flüssigkeiten nicht nur Wesen ohne Notwendigkeit, sondern sie zerschnitten auch echte Verbindungen.

Es reicht nicht aus, dass eine Theorie keine falschen Zusammenhänge behauptet, sie darf auch keine wahren Zusammenhänge verschleiern.

Und unser Äther, existiert er wirklich?

Wir wissen, woher der Glaube an den Äther kommt. Wenn uns Licht von einem fernen Stern erreicht, ist es mehrere Jahre lang nicht mehr auf dem Stern und auch noch nicht auf der Erde, dann muss es irgendwo sein und sozusagen von irgendeinem materiellen Träger gestützt werden.

Die gleiche Idee kann in einer mathematischeren und abstrakteren Form ausgedrückt werden. Wir sehen die Veränderungen, die materielle Moleküle durchlaufen; wir sehen zum Beispiel, dass unsere Fotoplatte die Folgen der Phänomene erfährt, die vor einigen Jahren in der glühenden Masse des Sterns stattgefunden haben. In der gewöhnlichen Mechanik hängt der Zustand des untersuchten Systems nur von seinem Zustand zu einem unmittelbar vorhergehenden Zeitpunkt ab; das System erfüllt also Differentialgleichungen. Wenn wir hingegen nicht an den Äther glauben würden, würde der Zustand des materiellen Universums nicht nur vom unmittelbar vorhergehenden Zustand abhängen, sondern von Zuständen, die viel weiter zurückliegen; das System würde endlichen Differenzgleichungen genügen. Um dieser Abweichung von den allgemeinen Gesetzen der Mechanik zu entgehen, haben wir den Äther erfunden.

Das würde uns nur dazu zwingen, das interplanetare Vakuum mit Äther zu füllen, aber nicht, ihn in die materiellen Medien selbst eindringen zu lassen. Fizeaus Experiment geht noch einen Schritt weiter. Durch die

Interferenz von Strahlen, die durch bewegte Luft oder Wasser hindurchgegangen sind, scheint es uns zwei verschiedene Medien zu zeigen, die einander durchdringen und sich dennoch relativ zueinander bewegen. Man glaubt, den Äther mit dem Finger zu berühren.

Es sind jedoch Experimente denkbar, die uns noch näher an ihn heranführen. Nehmen wir an, dass Newtons Prinzip der Gleichheit von Aktion und Reaktion nicht mehr stimmt, wenn man es auf die Materie *allein* anwendet und dies feststellt. Die geometrische Summe aller Kräfte, die auf alle materiellen Moleküle angewendet werden, wäre nicht mehr null. Wenn man nicht die gesamte Mechanik ändern wollte, müsste man den Äther einführen, damit die Aktion, der die Materie scheinbar ausgesetzt ist, durch die Reaktion der Materie auf etwas ausgeglichen wird.

Oder ich nehme an, man würde anerkennen, dass optische und elektrische Phänomene durch die Bewegung der Erde beeinflusst werden. Man würde zu dem Schluss kommen, dass diese Phänomene uns nicht nur die relativen Bewegungen der materiellen Körper, sondern auch ihre scheinbar absoluten Bewegungen offenbaren könnten. Es müsste einen Äther geben, damit diese angeblich absoluten Bewegungen nicht ihre Bewegungen in Bezug auf einen leeren Raum, sondern ihre Bewegungen in Bezug auf etwas Konkretes sind.

Wird es jemals so weit kommen? Ich habe diese Hoffnung nicht, ich werde später sagen, warum, und dennoch ist sie nicht so abwegig, da andere sie hatten.

Wenn zum Beispiel Lorentz' Theorie, auf die ich in Kapitel XIII noch ausführlich eingehen werde, wahr wäre, würde Newtons Prinzip nicht für die Materie *allein gelten* und der Unterschied wäre nicht weit davon entfernt, der Erfahrung zugänglich zu sein.

Auf der anderen Seite wurde viel über den Einfluss der Erdbewegung geforscht. Die Ergebnisse waren immer negativ. Nach den herrschenden Theorien wäre der Ausgleich sogar nur annähernd erreicht und man müsste erwarten, dass präzise Methoden positive Ergebnisse liefern würden.

Ich halte eine solche Hoffnung für illusorisch; dennoch war es neugierig zu zeigen, dass ein Erfolg dieser Art uns gewissermaßen eine neue Welt eröffnen würde.

Und nun muss man mir einen Exkurs erlauben; ich muss nämlich erklären, warum ich trotz Lorentz nicht glaube, dass genauere Beobachtungen jemals etwas anderes als die relativen Verschiebungen der materiellen Körper aufdecken können. Man hat Experimente durchgeführt, die die Terme der ersten Ordnung hätten nachweisen sollen; die Ergebnisse waren negativ; konnte das Zufall sein? Niemand gab das zu; man suchte nach einer allgemeinen Erklärung und Lorentz fand sie; er zeigte, dass sich die Terme erster Ordnung zerstören mussten, aber nicht die der zweiten Ordnung. Dann machte man genauere Experimente; auch sie waren negativ; es konnte auch kein Zufall sein; man brauchte eine Erklärung; man fand sie; man findet sie immer; Hypothesen sind der Fundus, an dem es am wenigsten mangelt.

Aber das ist noch nicht genug; wer spürt nicht, dass man damit dem Zufall eine zu große Rolle überlässt? Ist es nicht auch ein Zufall, dass ein bestimmter Umstand gerade rechtzeitig kommt, um die Begriffe der ersten Ordnung zu zerstören, und dass ein anderer, ganz anderer, aber ebenso passender Umstand die Zerstörung der Begriffe der zweiten Ordnung übernimmt? Nein, man muss für beide dieselbe Erklärung finden, und dann spricht alles dafür, dass diese Erklärung auch für die Terme höherer Ordnung gilt und dass die gegenseitige Zerstörung dieser Terme rigoros und absolut sein wird.

AKTUELLER STAND DER WISSENSCHAFT

In der Geschichte der Entwicklung der Physik lassen sich zwei gegenläufige Tendenzen erkennen. Einerseits werden immer wieder neue Verbindungen zwischen Gegenständen entdeckt, die scheinbar für immer getrennt bleiben sollten; die verstreuten Fakten sind einander nicht mehr fremd; sie tendieren dazu, sich zu einer imposanten Synthese zu ordnen. Die Wissenschaft bewegt sich auf Einheit und Einfachheit zu.

Andererseits zeigt uns die Beobachtung jeden Tag neue Phänomene; sie müssen lange auf ihren Platz warten, und manchmal muss man eine Ecke des Gebäudes abreißen, um ihnen einen Platz zu verschaffen. In den bekannten Phänomenen selbst, wo unsere groben Sinne uns Gleichförmigkeit zeigten, sehen wir von Tag zu Tag vielfältigere Details; was wir für einfach hielten, wird wieder komplex und die Wissenschaft scheint auf Vielfalt und Komplikation zuzusteuern.

Welche dieser beiden gegenläufigen Tendenzen, die abwechselnd zu triumphieren scheinen, wird die Oberhand gewinnen? Wenn es die erste ist, ist Wissenschaft möglich; aber nichts beweist dies *a priori,* und es ist zu befürchten, dass wir, nachdem wir uns vergeblich bemüht haben, die Natur gegen ihren Willen unserem Ideal der Einheit zu beugen, überfordert von der ständig steigenden Flut unseres neuen Reichtums, darauf verzichten müssen, sie zu klassifizieren, unser Ideal aufgeben und die Wissenschaft auf die Aufzeichnung zahlloser Rezepte reduzieren müssen.

Auf diese Frage können wir keine Antwort geben. Alles, was wir tun können, ist, die Wissenschaft von heute zu beobachten und sie mit der von gestern zu vergleichen. Aus dieser Untersuchung werden wir zweifellos einige Vermutungen ableiten können.

Vor einem halben Jahrhundert hatten wir die größten Hoffnungen gehegt. Die Entdeckung der Erhaltung der Energie und ihrer Umwandlungen hatte uns die Einheit der Kraft offenbart. Sie zeigte, dass die Wärmephänomene durch molekulare Bewegungen erklärt werden konnten. Wie diese Bewegungen aussahen, wussten wir nicht genau, aber wir zweifelten nicht daran, dass wir es bald wissen würden. Was das Licht betrifft, schien die Aufgabe vollständig gelöst zu sein. In Bezug auf die Elektrizität war man weniger weit gekommen. Die Elektrizität hatte sich gerade den Magnetismus einverleibt. Das war ein großer Schritt in Richtung Einheit, ein endgültiger Schritt. Aber wie würde die Elektrizität ihrerseits in die allgemeine Einheit eintreten, wie würde sie sich auf den universellen Mechanismus zurückführen lassen? Wir hatten keine Ahnung. Die Möglichkeit einer solchen Reduktion wurde jedoch von niemandem in Frage gestellt, man glaubte daran. Was schließlich die molekularen Eigenschaften der materiellen Körper betraf, so schien die Reduktion noch einfacher zu sein, aber alle Einzelheiten blieben in einem Nebel. Mit einem Wort: Die Erwartungen waren weitreichend, sie waren lebendig, aber sie waren vage.

Was sehen wir heute?

Zunächst ein erster Fortschritt, ein immenser Fortschritt. Die drei Bereiche Licht, Elektrizität und Magnetismus, die früher getrennt waren, bilden nun eine Einheit.

Diese Errungenschaft hat uns jedoch einige Opfer gekostet. Die optischen Phänomene gehören als Sonderfälle zu den elektrischen Phänomenen. Solange sie isoliert blieben, war es einfach, sie durch Bewegungen zu erklären, die man in allen Einzelheiten zu kennen glaubte, und das ging von selbst; jetzt aber muss eine Erklärung, um akzeptabel zu sein, mühelos auf den gesamten elektrischen Bereich ausgedehnt werden. Und das geht nicht ohne Schwierigkeiten.

144

Am befriedigendsten ist die Theorie von Lorentz, die, wie wir im letzten Kapitel sehen werden, die elektrischen Ströme durch die Bewegungen kleiner elektrisierter Teilchen erklärt; sie ist zweifellos diejenige, die die bekannten Tatsachen am besten wiedergibt, diejenige, die die meisten wahren Zusammenhänge ans Licht bringt, und diejenige, von der man in der endgültigen Konstruktion die meisten Spuren finden wird. Dennoch hat sie noch einen gravierenden Mangel, auf den ich bereits hingewiesen habe: Sie widerspricht Newtons Prinzip der Gleichheit von Aktion und Reaktion; oder besser gesagt, dieses Prinzip wäre in den Augen von Lorentz nicht auf die Materie allein anwendbar; damit es wahr wäre, müsste man die vom Äther auf die Materie ausgeübten Aktionen und die Reaktion der Materie auf den Äther berücksichtigen. Bis auf Weiteres ist es jedoch wahrscheinlich, dass die Dinge nicht so sind.

Wie dem auch sei, dank Lorentz sind Fizeaus Ergebnisse über die Optik bewegter Körper, die Gesetze der normalen und anormalen Dispersion und der Absorption untereinander und mit den anderen Eigenschaften des Äthers durch Bande verbunden, die zweifellos nicht mehr zerreißen werden. Sehen Sie, wie leicht das neue Zeeman-Phänomen seinen Platz gefunden hat und sogar dazu beigetragen hat, Faradays magnetische Rotation, die sich Maxwells Bemühungen widersetzt hatte, zu klassifizieren; diese Leichtigkeit beweist, dass Lorentz' Theorie kein künstliches Gebilde ist, das sich auflösen soll. Die Lorentz-Theorie ist nicht das, was sie einmal war.

Lorentz hatte jedoch keinen anderen Ehrgeiz, als die gesamte Optik und Elektrodynamik der sich bewegenden Körper in einem einzigen Komplex zu erfassen; er hatte nicht den Anspruch, eine mechanische Erklärung zu liefern. Larmor ging noch weiter. Er behielt die Lorentz-Theorie in ihrem Kern bei und fügte ihr sozusagen Mac-Cullaghs Ideen über die Bewegungsrichtung des Äthers hinzu. Für ihn hätte die Geschwindigkeit des Äthers dieselbe Richtung und dieselbe Größe wie die Magnetkraft. Diese Geschwindigkeit ist uns also bekannt, da die Magnetkraft der Erfahrung zugänglich ist. Wie genial dieser Versuch auch sein mag, der Fehler in der Theorie von Lorentz bleibt bestehen und wird sogar noch größer. Die Aktion ist nicht gleich der Reaktion. Bei Lorentz wussten wir nicht, was die Bewegungen des Äthers sind; dank dieser Unwissenheit konnten wir sie so annehmen, dass sie die Bewegungen der Materie ausgleichen und so die Gleichheit von Aktion und Reaktion wiederherstellen. Mit Larmor kennen wir die Bewegungen des Äthers und können feststellen, dass die Kompensation nicht stattfindet.

Wenn Larmor meiner Meinung nach versagt hat, heißt das dann, dass eine mechanische Erklärung unmöglich ist? Weit gefehlt: Ich habe oben gesagt, dass es für ein Phänomen, sobald es den beiden Prinzipien der Energie und der geringsten Wirkung gehorcht, unendlich viele mechanische Erklärungen gibt; das gilt also auch für optische und elektrische Phänomene.

Aber das reicht nicht aus. Damit eine mechanische Erklärung gut ist, muss sie einfach sein, und es muss einen anderen Grund geben als die Notwendigkeit, eine Wahl zu treffen, um sie aus allen möglichen Erklärungen auszuwählen. Nun, eine Theorie, die diese Bedingung erfüllt und folglich zu etwas nütze sein könnte, haben wir noch nicht. Sollten wir uns darüber beschweren? Es ist nicht der Mechanismus, der wahre und einzige Zweck, sondern die Einheit.

Wir müssen also unseren Ehrgeiz einschränken; wir wollen nicht versuchen, eine mechanische Erklärung zu formulieren; wir wollen uns darauf beschränken, zu zeigen, dass wir immer eine Erklärung finden könnten, wenn wir wollten. Der Grundsatz der Energieerhaltung wurde nur bestätigt, und ein zweiter Grundsatz kam hinzu: der Grundsatz der geringsten Wirkung, der in eine für die Physik geeignete Form gebracht wurde. Auch dieses Prinzip wurde immer wieder überprüft, zumindest in Bezug auf umkehrbare Phänomene, die somit den Lagrange-Gleichungen, d. h. den allgemeinsten Gesetzen der Mechanik, gehorchen.

Die irreversiblen Phänomene sind viel widerspenstiger. Auch sie ordnen sich jedoch und tendieren dazu, in die Einheit zurückzukehren; das Licht, das sie erleuchtet hat, kam durch das Carnot-Prinzip zu uns. Lange Zeit beschränkte sich die Thermodynamik auf die Untersuchung der Ausdehnung von Körpern und ihrer Zustandsänderungen. Seit einiger Zeit ist sie mutiger geworden und hat ihr Gebiet erheblich erweitert. Wir verdanken ihr die Theorie der Batterie, die Theorie der thermoelektrischen Phänomene; es gibt in der gesamten Physik keine Ecke, die sie nicht erforscht hätte, und sie hat die Chemie selbst in Angriff genommen. Überall herrschen die gleichen Gesetze; überall findet man unter der Vielfalt der Erscheinungen das Prinzip von Carnot; überall auch den so ungeheuer abstrakten Begriff der Entropie, der ebenso universell ist wie der der Energie und wie dieser eine Realität zu bedecken scheint. Die Strahlungswärme schien ihm entgehen zu müssen; erst kürzlich sah man, wie sie sich unter denselben Gesetzen beugte.

Dadurch werden uns neue Analogien offenbart, die sich oft bis ins Detail fortsetzen; der ohmsche Widerstand ähnelt der Viskosität von Flüssigkeiten; die Hysterese würde eher der Reibung von Feststoffen ähneln. In jedem Fall scheint die Reibung der Typ zu sein, an den sich die verschiedensten irreversiblen Phänomene anlehnen, und diese Verwandtschaft ist echt und tiefgreifend.

Es wurde auch nach einer eigentlichen mechanischen Erklärung für diese Phänomene gesucht. Sie eigneten sich nicht dafür. Um sie zu finden, musste man annehmen, dass die Irreversibilität nur scheinbar ist, dass die elementaren Phänomene umkehrbar sind und den bekannten Gesetzen der Dynamik gehorchen. Aber die Elemente sind extrem zahlreich und vermischen sich immer mehr, so dass für unsere groben Augen alles nach Gleichförmigkeit zu streben scheint, d. h. alles scheint in die gleiche Richtung zu laufen, ohne Hoffnung auf Umkehr. Die scheinbare Unumkehrbarkeit ist somit nur eine Auswirkung des Gesetzes der großen Zahlen. Nur ein Wesen mit unendlich feinen Sinnen, wie Maxwells imaginärer Dämon, könnte dieses unentwirrbare Geflecht entwirren und die Welt wieder zurückdrehen.

Diese Auffassung, die an die kinetische Theorie der Gase anknüpft, hat große Anstrengungen gekostet und war insgesamt recht unfruchtbar; sie kann es noch werden. Es ist hier nicht der Ort, um zu untersuchen, ob sie nicht zu Widersprüchen führt und ob sie der wahren Natur der Dinge entspricht.

Wir sollten jedoch die originellen Ideen von Herrn Gouy über die Brownsche Bewegung erwähnen. Laut diesem Wissenschaftler entzieht sich diese einzigartige Bewegung dem Carnot-Prinzip. Die Teilchen, die sie in Bewegung setzt, sind kleiner als die Maschen dieses engmaschigen Geflechts, sodass sie in der Lage sind, diese zu entwirren und so die Welt gegen den Strom laufen zu lassen. Man könnte meinen, Maxwells Dämon sei am Werk.

Zusammenfassend lässt sich sagen, dass sich die altbekannten Phänomene immer besser einordnen lassen; neue Phänomene beanspruchen jedoch ihren Platz; die meisten von ihnen, wie das Zeemannsche Phänomen, haben ihn sofort gefunden.

Aber wir haben Kathodenstrahlen, Röntgenstrahlen, die Strahlen von Uran und Radium. Hier gibt es eine ganze Welt, von der niemand etwas ahnte. Wie viele unerwartete Gäste muss man da unterbringen!

Noch kann niemand vorhersagen, welchen Platz sie einnehmen werden. Aber ich glaube nicht, dass sie die allgemeine Einheit zerstören werden, sondern eher, dass sie sie vervollständigen werden. Sie regen nicht nur die Fluoreszenz an, sondern entstehen manchmal sogar unter denselben Bedingungen wie diese.

Sie sind auch nicht unverwandt mit den Ursachen, die den Funken unter der Einwirkung von ultraviolettem Licht zerspringen lassen.

Schließlich und vor allem glaubt man, in all diesen Phänomenen echte Ionen zu finden, die freilich mit unvergleichlich höheren Geschwindigkeiten als in Elektrolyten bewegt werden.

Das ist alles noch sehr vage, aber es wird sich alles noch klären.

Die Phosphoreszenz, die Wirkung des Lichts auf den Funken, war in den Kantonen etwas isoliert und wurde daher von den Forschern etwas vernachlässigt. Man kann nun hoffen, dass eine neue Linie gebaut wird, die ihre Kommunikation mit der universellen Wissenschaft erleichtern wird.

Wir entdecken nicht nur neue Phänomene, sondern auch in denen, die wir zu kennen glaubten, zeigen sich unvorhergesehene Aspekte. Im freien Äther behalten die Gesetze ihre majestätische Einfachheit, aber die eigentliche Materie scheint immer komplexer zu werden. Alles, was wir über sie sagen, ist immer nur eine Annäherung und jeden Augenblick verlangen unsere Formeln nach neuen Begriffen.

Die Beziehungen, die wir zwischen Objekten, die wir für einfach hielten, erkannt hatten, bestehen auch dann noch zwischen denselben Objekten, wenn wir ihre Komplexität kennen, und nur das ist wichtig. Unsere Gleichungen werden zwar immer komplizierter, um die Kompliziertheit der Natur noch enger zu fassen, aber an den Beziehungen, mit denen diese Gleichungen voneinander abgeleitet werden können, ändert sich nichts. Mit einem Wort: Die Form dieser Gleichungen hat sich gehalten.

Nehmen wir als Beispiel die Gesetze der Reflexion. Fresnel hatte sie durch eine einfache und verführerische Theorie aufgestellt, die die Erfahrung zu bestätigen schien. Seitdem haben genauere Untersuchungen bewiesen, dass diese Verifikation nur annähernd war; sie zeigten überall Spuren elliptischer Polarisation. Doch dank der Unterstützung, die uns die erste Annäherung bot, fand man sofort die Ursache für diese Anomalien, nämlich das Vorhandensein einer Durchgangsschicht; und Fresnels Theorie blieb in dem, was sie wesentlich war, bestehen.

Nur kommt man nicht umhin, eine Überlegung anzustellen. All diese Zusammenhänge wären unbemerkt geblieben, wenn man zuerst an der Komplexität der Objekte, die sie verbinden, gezweifelt hätte. Man hat es längst gesagt: Hätte Tycho zehnmal genauere Instrumente gehabt, hätte es nie einen Kepler, Newton oder eine Astronomie gegeben. Es ist ein Unglück für eine Wissenschaft, wenn sie zu spät entsteht, wenn die Mittel zur Beobachtung zu perfekt geworden sind. So ergeht es heute der Physikalischen Chemie; ihre Begründer werden in ihren Einsichten durch die dritte und vierte Dezimalstelle behindert; glücklicherweise sind sie Männer von starkem Glauben.

Je mehr wir über die Eigenschaften der Materie wissen, desto mehr Kontinuität sehen wir in ihr. Seit den Arbeiten von Andrews und Van del Wals wissen wir, dass der Übergang vom flüssigen zum gasförmigen Zustand nicht abrupt erfolgt. Auch zwischen dem flüssigen und dem festen Zustand gibt es keinen Abgrund, und in den Protokollen eines kürzlich abgehaltenen Kongresses war neben einer Arbeit über die Steifigkeit von Flüssigkeiten auch eine Abhandlung über das Fließen von Feststoffen zu finden.

Bei diesem Trend geht die Einfachheit zweifellos verloren; ein Phänomen wurde durch mehrere Geraden dargestellt: Diese Geraden müssen durch mehr oder weniger komplizierte Kurven verbunden werden. Dafür gewinnt die Einheitlichkeit sehr. Diese klaren Kategorien beruhigten den Geist, aber sie befriedigten ihn nicht.

Schließlich drangen die Methoden der Physik in ein neues Gebiet ein, nämlich das der Chemie; die Physikochemie wurde geboren. Sie ist noch sehr jung, aber man sieht bereits, dass sie uns ermöglichen wird, Phänomene wie Elektrolyse, Osmose und Ionenbewegungen miteinander zu verknüpfen.

Was können wir aus dieser kurzen Darstellung schließen?

Alles in allem ist man der Einheit näher gekommen, man ist nicht so schnell vorangekommen, wie man vor fünfzig Jahren gehofft hatte, man ist nicht immer den vorgesehenen Weg gegangen; aber letztendlich hat man viel Boden gewonnen.

KAPITEL XI

DIE BERECHNUNG DER WAHRSCHEINLICHKEITEN.

Man wird sich wahrscheinlich wundern, an dieser Stelle Überlegungen zur Wahrscheinlichkeitsrechnung zu finden. Was hat er mit der Methode der physikalischen Wissenschaften zu tun?

Und doch stellen sich die Fragen, die ich aufwerfen werde, ohne sie zu lösen, natürlich dem Philosophen, der über die Physik nachdenken will.

Und zwar so sehr, dass ich in den beiden vorangegangenen Kapiteln mehrmals die Worte Wahrscheinlichkeit und Zufall aussprechen musste.

"Ich habe bereits gesagt, dass die vorhergesagten Tatsachen nur wahrscheinlich sind. Wie solide eine Vorhersage auch sein mag, wir sind nie absolut sicher, dass die Erfahrung sie nicht widerlegen wird. Aber die Wahrscheinlichkeit ist oft groß genug, dass wir uns praktisch mit ihr zufrieden geben können."

Und etwas später fügte ich hinzu: "Sehen wir uns an, welche Rolle der Glaube an die Einfachheit in unseren Verallgemeinerungen spielt. Wir haben ein einfaches Gesetz in einer großen Anzahl von Einzelfällen überprüft; wir weigern uns zuzugeben, dass dieses so oft wiederholte Zusammentreffen eine bloße Folge des Zufalls ist...".

In vielen Fällen befindet sich der Physiker also in der gleichen Position wie ein Spieler, der seine Chancen einschätzt. Immer wenn er induktiv argumentiert, macht er mehr oder weniger bewusst von der Wahrscheinlichkeitsrechnung Gebrauch.

Und deshalb bin ich gezwungen, eine Klammer zu öffnen und unsere Untersuchung der Methode in den physikalischen Wissenschaften zu unterbrechen, um etwas genauer zu untersuchen, was diese Berechnung wert ist und welches Vertrauen sie verdient.

Schon der Name Wahrscheinlichkeitsrechnung ist ein Paradoxon: Wahrscheinlichkeit im Gegensatz zur Gewissheit ist das, was man nicht weiß, und wie kann man etwas berechnen, was man nicht kennt? Dennoch

150

haben sich viele herausragende Wissenschaftler mit dieser Berechnung beschäftigt, und es ist nicht zu leugnen, dass die Wissenschaft daraus einen gewissen Nutzen gezogen hat. Wie lässt sich dieser scheinbare Widerspruch erklären?

Wurde die Wahrscheinlichkeit definiert? Kann sie überhaupt definiert werden? Und wenn sie es nicht sein kann, wie kann man es dann wagen, über sie zu argumentieren? Die Definition, so wird man sagen, ist ganz einfach: Die Wahrscheinlichkeit eines Ereignisses ist das Verhältnis der Anzahl der Fälle, in denen das Ereignis eintritt, zur Gesamtzahl der möglichen Fälle.

Ein einfaches Beispiel wird verdeutlichen, wie unvollständig diese Definition ist. Ich werfe zwei Würfel; wie hoch ist die Wahrscheinlichkeit, dass mindestens einer der beiden Würfel eine Sechs bringt? Jeder Würfel kann sechs verschiedene Punkte bringen: Die Anzahl der möglichen Fälle ist 6 * 6 = 36; die Anzahl der günstigen Fälle ist 11; die Wahrscheinlichkeit ist 11/36.

Das ist die korrekte Lösung. Aber könnte ich nicht genauso gut sagen: Die Punkte, die von den beiden Würfeln gebracht werden, können (6 * 7)/2 = 21 verschiedene Kombinationen bilden? Von diesen Kombinationen sind 6 günstig; die Wahrscheinlichkeit beträgt 6/21.

Warum ist die erste Art, mögliche Fälle aufzuzählen, legitimer als die zweite? Zumindest lehrt uns das nicht unsere Definition.

... die Gesamtzahl der möglichen Fälle, vorausgesetzt, dass diese Fälle gleichermaßen wahrscheinlich sind". Wir sind also darauf reduziert, das Wahrscheinliche durch das Wahrscheinliche zu definieren.

Wie werden wir wissen, dass zwei mögliche Fälle gleich wahrscheinlich sind? Wird dies durch eine Konvention geschehen? Wenn wir eine explizite Konvention an den Anfang jeder Aufgabe stellen, wird alles gut gehen, wir müssen nur die Regeln der Arithmetik und Algebra anwenden und werden die Berechnung zu Ende führen, ohne dass unser Ergebnis Raum für Zweifel lässt; sobald wir aber auch nur die geringste Anwendung machen wollen, müssen wir beweisen, dass unsere Konvention legitim war, und dann stehen wir vor der Schwierigkeit, die wir zu umgehen glaubten.

Wird man sagen, dass der gesunde Menschenverstand ausreicht, um uns zu lehren, welche Konvention wir machen sollen? Leider! Herr Bertrand hat sich den Spaß gemacht, ein einfaches Problem zu behandeln: "Wie hoch ist die Wahrscheinlichkeit, dass in einem Umfang eine Sehne größer ist als die Seite des eingeschriebenen gleichseitigen Dreiecks?" Der berühmte Geometer nahm nacheinander zwei Konventionen an, die der gesunde Menschenverstand gleichermaßen zu gebieten schien, und er fand mit der einen 1/2, mit der anderen 1/3.

Die Schlussfolgerung, die sich aus all dem zu ergeben scheint, ist, dass die Wahrscheinlichkeitsrechnung eine eitle Wissenschaft ist, dass man diesem dunklen Instinkt, den wir gesunden Menschenverstand nannten und von dem wir verlangten, dass er unsere Konventionen legitimiert, misstrauen muss.

Aber auch diese Schlussfolgerung können wir nicht unterschreiben; diesen dunklen Instinkt können wir nicht entbehren; ohne ihn wäre Wissenschaft unmöglich, ohne ihn könnten wir weder ein Gesetz entdecken noch es anwenden. Haben wir zum Beispiel das Recht, das Newtonsche Gesetz zu verkünden? Zweifellos stimmen viele Beobachtungen mit diesem Gesetz überein, aber ist das nicht ein reiner Zufallseffekt? Woher wissen wir überhaupt, ob dieses Gesetz, das seit so vielen Jahrhunderten gilt, auch im nächsten Jahr noch wahr sein wird? Auf diesen Einwand werden Sie keine andere Antwort finden als: "Das ist sehr unwahrscheinlich".

Aber nehmen wir das Gesetz an; mit seiner Hilfe glaube ich, die Position des Jupiters in einem Jahr berechnen zu können. Habe ich das Recht dazu? Wer sagt mir, dass bis dahin nicht eine gigantische Masse mit einer enormen Geschwindigkeit am Sonnensystem vorbeiziehen und unvorhergesehene Störungen verursachen wird? Auch hier gibt es keine Antwort außer: "Das ist sehr unwahrscheinlich".

Eine Verurteilung der Wahrscheinlichkeitsrechnung wäre eine Verurteilung der gesamten Wissenschaft.

Ich werde weniger auf wissenschaftliche Probleme eingehen, bei denen der Einsatz der Wahrscheinlichkeitsrechnung offensichtlicher ist. In erster Linie geht es um die Interpolation, bei der man, wenn man eine bestimmte Anzahl von Werten einer Funktion kennt, versucht, die Zwischenwerte zu erraten.

Ich nenne auch die berühmte Theorie der Beobachtungsfehler, auf die ich später noch eingehen werde, die kinetische Gastheorie, eine wohlbekannte Hypothese, bei der angenommen wird, dass jedes Gasmolekül eine äußerst komplizierte Bahn beschreibt, aber durch den Effekt der großen Zahlen die durchschnittlichen Phänomene, die allein beobachtbar sind, einfachen Gesetzen gehorchen, die die Gesetze von Mariotte und Gay-Lussac sind.

Alle diese Theorien beruhen auf den Gesetzen der großen Zahlen und die Wahrscheinlichkeitsrechnung würde sie offensichtlich mit in den Untergang reißen. Es ist wahr, dass sie nur von besonderem Interesse sind und dass, abgesehen von der Interpolation, dies Opfer sind, mit denen man sich abfinden könnte.

Aber, wie ich bereits sagte, würde es nicht nur um diese partiellen Opfer gehen, sondern um die gesamte Wissenschaft, deren Legitimität in Frage gestellt würde.

Ich kann mir gut vorstellen, was man sagen könnte: "Wir sind unwissend und müssen dennoch handeln. Um zu handeln, haben wir keine Zeit für eine Untersuchung, die ausreicht, um unsere Unwissenheit zu beseitigen; außerdem würde eine solche Untersuchung unendlich viel Zeit in Anspruch nehmen. Wir müssen uns also entscheiden, ohne zu wissen; wir müssen es auf gut Glück tun und Regeln befolgen, ohne zu sehr an sie zu glauben. Ich weiß nicht, dass etwas wahr ist, sondern dass es für mich am besten ist, so zu handeln, als ob es wahr wäre. Die Wahrscheinlichkeitsrechnung und damit die Wissenschaft hätten nur noch einen praktischen Wert.

Leider verschwindet die Schwierigkeit nicht auf diese Weise: Ein Spieler will einen Zug versuchen; er bittet mich um Rat. Wenn ich ihm diesen Rat gebe, werde ich mich an der Wahrscheinlichkeitsrechnung orientieren, aber ich werde ihm nicht den Erfolg garantieren. Dies ist das, was ich als *subjektive Wahrscheinlichkeit* bezeichnen möchte. In diesem Fall könnte man sich mit der Erklärung begnügen, die ich gerade skizziert habe. Ich gehe aber davon aus, dass ein Beobachter dem Spiel beiwohnt, alle Züge notiert und das Spiel lange andauert; wenn er sein Notizbuch auswertet, wird er feststellen, dass sich die Ereignisse gemäß den Gesetzen der Wahrscheinlichkeitsrechnung verteilt haben. Das ist das, was ich als *objektive Wahrscheinlichkeit* bezeichnen würde, und dieses Phänomen sollte erklärt werden.

Es gibt viele Versicherungsgesellschaften, die die Regeln der Wahrscheinlichkeitsrechnung anwenden, und sie schütten an ihre Aktionäre Dividenden aus, deren objektive Realität nicht bestritten werden kann. Um sie zu erklären, reicht es nicht aus, sich auf unsere Unwissenheit und die Notwendigkeit zu handeln zu berufen.

Absoluter Skeptizismus ist also nicht angebracht; wir müssen misstrauisch sein, dürfen aber nicht pauschal verurteilen; es besteht Diskussionsbedarf.

I - KLASSIFIZIERUNG VON WAHRSCHEINLICHKEITSPROBLEMEN

Um die Probleme, die sich im Zusammenhang mit Wahrscheinlichkeiten ergeben, zu klassifizieren, kann man sich auf mehrere verschiedene Gesichtspunkte beziehen, zunächst auf den Gesichtspunkt *der Allgemeinheit*. Oben habe ich gesagt, dass die Wahrscheinlichkeit das Verhältnis der Anzahl der günstigen Fälle zur Anzahl der möglichen Fälle ist. Was ich in Ermangelung eines besseren Begriffs als Allgemeinheit bezeichne, wird mit der Anzahl der möglichen Fälle wachsen. Diese Zahl kann endlich sein, wie z. B. bei einem Würfelwurf, bei dem die Zahl der möglichen Fälle 36 beträgt. Dies ist der erste Grad der Allgemeingültigkeit.

Wenn wir aber zum Beispiel fragen, wie hoch die Wahrscheinlichkeit ist, dass ein innerer Punkt eines Kreises innerhalb des einbeschriebenen Quadrats liegt, dann gibt es so viele mögliche Fälle wie Punkte im Kreis, also unendlich viele. Dies ist der zweite Grad der Allgemeinheit. Die Allgemeinheit lässt sich noch weiter treiben: Man kann sich fragen, wie wahrscheinlich es ist, dass eine Funktion eine bestimmte Bedingung erfüllt; dann gibt es so viele mögliche Fälle, wie man sich verschiedene Funktionen vorstellen kann. Dies ist der dritte Grad der Allgemeinheit, der z. B. erreicht wird, wenn man versucht, aus einer endlichen Anzahl von Beobachtungen das wahrscheinlichste Gesetz zu erraten.

Wir können uns auf einen ganz anderen Standpunkt stellen. Wenn wir nicht unwissend wären, gäbe es keine Wahrscheinlichkeit, sondern nur Platz für Gewissheit; aber unsere Unwissenheit kann nicht absolut sein, denn sonst gäbe es auch keine Wahrscheinlichkeit, da es noch ein wenig Licht braucht, um selbst zu dieser unsicheren Wissenschaft zu gelangen. Die Wahrscheinlichkeitsprobleme lassen sich also nach der Tiefe der Unwissenheit klassifizieren.

In der Mathematik kann man sich bereits Wahrscheinlichkeitsaufgaben stellen. Wie hoch ist die Wahrscheinlichkeit, dass die [fünfte] Dezimalstelle eines Logarithmus, der zufällig aus einer Tabelle ausgewählt wird, eine 9 ist? Man wird nicht zögern zu antworten, dass diese Wahrscheinlichkeit 1/10 beträgt. Hier besitzen wir alle Daten des Problems; wir könnten unseren Logarithmus berechnen, ohne auf die Tabelle zurückzugreifen; aber wir wollen uns nicht die Mühe machen. Das ist der erste Grad der Unwissenheit.

In den physikalischen Wissenschaften ist unsere Unwissenheit bereits größer. Der Zustand eines Systems zu einem bestimmten Zeitpunkt hängt von zwei Dingen ab: seinem Anfangszustand und dem Gesetz, nach dem sich dieser Zustand ändert. Wenn wir sowohl das Gesetz als auch den Anfangszustand kennen würden, hätten wir nur noch ein mathematisches Problem zu lösen und würden wieder auf den ersten Grad der Unwissenheit zurückfallen.

Es kommt jedoch oft vor, dass wir das Gesetz kennen, aber den Anfangszustand nicht kennen. Man fragt zum Beispiel nach der aktuellen Verteilung der kleinen Planeten; wir wissen, dass sie seit jeher den Keplerschen Gesetzen gehorchen, aber wir wissen nicht, wie ihre ursprüngliche Verteilung war.

In der kinetischen Gastheorie wird angenommen, dass die Gasmoleküle geradlinige Bahnen verfolgen und den Stoßgesetzen elastischer Körper gehorchen; da man aber nichts über ihre Anfangsgeschwindigkeiten weiß, weiß man auch nichts über ihre aktuellen Geschwindigkeiten.

Nur mithilfe der Wahrscheinlichkeitsrechnung können die durchschnittlichen Phänomene, die sich aus der Kombination dieser Geschwindigkeiten ergeben, vorhergesagt werden. Dies ist der zweite Grad der Unwissenheit.

Schließlich ist es möglich, dass nicht nur die Anfangsbedingungen, sondern auch die Gesetze selbst unbekannt sind; dann ist der dritte Grad der Unwissenheit erreicht und man kann in der Regel überhaupt nichts mehr über die Wahrscheinlichkeit eines Phänomens aussagen.

Es kommt oft vor, dass man, anstatt zu versuchen, ein Ereignis aus einer mehr oder weniger unvollkommenen Kenntnis des Gesetzes zu erraten, die Ereignisse kennt und versucht, das Gesetz zu erraten; dass man, anstatt die Wirkungen aus den Ursachen abzuleiten, die Ursachen aus den Wirkungen ableiten will. Dies sind die sogenannten Probleme der *Wahrscheinlichkeit der Ursachen, die im* Hinblick auf ihre wissenschaftliche Anwendung am interessantesten sind.

Ich spiele mit einem Herrn, von dem ich weiß, dass er vollkommen ehrlich ist; er wird geben; wie hoch ist die Wahrscheinlichkeit, dass er den König dreht? es ist 1/8; dies ist ein Problem der Wahrscheinlichkeit der Wirkungen. Ich spiele mit einem Herrn, den ich nicht kenne; er hat zehnmal gegeben und sechsmal den König gedreht; wie hoch ist die Wahrscheinlichkeit, dass er ein Grieche ist? das ist ein Problem der Wahrscheinlichkeit der Ursachen.

Man kann sagen, dass dies das Kernproblem der experimentellen Methode ist. Ich habe n Werte von x und die entsprechenden Werte von y beobachtet; ich habe festgestellt, dass das Verhältnis von letzteren zu ersteren im Wesentlichen konstant ist. Das ist das Ereignis; was ist die Ursache?

Ist es wahrscheinlich, dass es ein allgemeines Gesetz gibt, nach dem y proportional zu x *ist,* und dass die kleinen Abweichungen auf Beobachtungsfehler zurückzuführen sind? Das ist eine Art von Frage, die man sich ständig stellen muss und die man unbewusst immer dann beantwortet, wenn man Wissenschaft betreibt.

Ich werde nun diese verschiedenen Kategorien von Problemen durchgehen, indem ich nacheinander das, was ich oben als subjektive Wahrscheinlichkeit bezeichnet habe, und das, was ich als objektive Wahrscheinlichkeit bezeichnet habe, betrachte.

II - DIE WAHRSCHEINLICHKEIT IN DEN MATHEMATISCHEN WISSENSCHAFTEN

Die Unmöglichkeit der Quadratur des Kreises ist seit 1883 bewiesen; doch schon lange vor diesem jüngsten Datum hielten alle Geometer diese Unmöglichkeit für so "wahrscheinlich", dass die Akademie der Wissenschaften die leider viel zu zahlreichen Memoranden, die ihr einige unglückliche Verrückte jedes Jahr zu diesem Thema schickten, ohne Prüfung ablehnte.

Hatte die Akademie Unrecht? Natürlich nicht, und sie wusste genau, dass sie mit ihrem Vorgehen nicht Gefahr lief, eine ernsthafte Entdeckung zu unterdrücken. Sie hätte nicht beweisen können, dass sie Recht hatte; aber sie wusste genau, dass ihr Instinkt sie nicht täuschte. Hätten Sie die Akademiker befragt, hätten sie Ihnen geantwortet: "Wir haben die Wahrscheinlichkeit verglichen, dass ein unbekannter Wissenschaftler das gefunden hat, was man schon so lange vergeblich sucht, und die Wahrscheinlichkeit, dass es einen weiteren Verrückten auf der Erde gibt; die zweite schien uns größer zu sein." Das sind sehr gute Gründe, aber sie sind nicht mathematisch, sondern rein psychologisch.

Und wenn Sie sie weiter bedrängt hätten, hätten sie hinzugefügt: "Warum wollen Sie, dass ein bestimmter Wert einer transzendenten Funktion eine algebraische Zahl ist; und wenn π *die Wurzel einer* algebraischen Gleichung wäre, warum wollen Sie dann, dass diese Wurzel eine Periode der Funktion sin $(2x)$ ist und dass das Gleiche nicht für die anderen Wurzeln derselben Gleichung gilt?". Kurz gesagt, sie hätten sich auf das Prinzip des zureichenden Grundes in seiner vagesten Form berufen.

Aber was konnten sie daraus lernen? Höchstens eine Verhaltensregel für die Verwendung ihrer Zeit, die sie sinnvoller mit ihrer normalen Arbeit verbringen konnten als mit der Lektüre eines Hirngespinstes, das ihnen berechtigtes Misstrauen einflößte. Doch was ich oben als objektive Wahrscheinlichkeit bezeichnet habe, hat mit diesem ersten Problem nichts zu tun.

Anders verhält es sich mit dem zweiten Problem.

Betrachten wir die ersten 10 000 Logarithmen, die ich in einer Tabelle finde. Wie hoch ist die Wahrscheinlichkeit, dass die dritte Dezimalstelle des Logarithmus eine gerade Zahl ist? Sie werden nicht zögern, mit 1/2 zu antworten, und in der Tat, wenn Sie die dritten Dezimalstellen dieser 10 000 Zahlen aus einer Tabelle ablesen, werden Sie ungefähr genauso viele gerade wie ungerade Zahlen finden.

Oder schreiben wir 10.000 Zahlen, die unseren 10.000 Logarithmen entsprechen; jede dieser Zahlen ist +1, wenn die dritte Dezimalstelle des entsprechenden Logarithmus gerade ist, und -1, wenn nicht. Dann nehmen wir den Durchschnitt dieser 10 000 Zahlen.

Ich würde nicht zögern zu sagen, dass der Durchschnitt dieser 10 000 Zahlen wahrscheinlich null ist, und wenn ich ihn tatsächlich berechnen würde, würde ich überprüfen, dass er sehr klein ist.

Aber selbst diese Überprüfung ist nutzlos; ich hätte rigoros nachweisen können, dass dieser Durchschnitt kleiner als 0,003 ist. Um dieses Ergebnis zu ermitteln, hätte ich eine ziemlich lange Berechnung benötigt, die hier keinen Platz finden kann und für die ich mich darauf beschränke, auf einen Artikel zu verweisen, den ich am 15. April 1899 in der *Revue générale des Sciences* veröffentlicht habe. Der einzige Punkt, auf den ich aufmerksam machen muss, ist der folgende: Bei dieser Berechnung hätte ich mich nur auf zwei Tatsachen stützen müssen, nämlich dass die erste und zweite Ableitung des Logarithmus in dem betrachteten Intervall innerhalb bestimmter Grenzen bleiben.

Daraus ergibt sich die erste Konsequenz, dass die Eigenschaft nicht nur für den Logarithmus, sondern für jede beliebige kontinuierliche Funktion gilt, da die Ableitungen jeder kontinuierlichen Funktion begrenzt sind.

Wenn ich mir des Ergebnisses im Voraus sicher war, dann lag das erstens daran, dass ich oft ähnliche Tatsachen bei anderen stetigen Funktionen beobachtet hatte; zweitens lag es daran, dass ich in meinem Inneren auf mehr oder weniger unbewusste und unvollkommene Weise die Überlegungen anstellte, die mich zu den vorherigen Ungleichungen führten, wie ein geübter Rechner, der, bevor er eine Multiplikation abgeschlossen hat, feststellt, dass "das ungefähr so viel ergeben wird".

Und außerdem, da das, was ich als meine Intuition bezeichnete, nur ein unvollständiger Einblick in eine echte Überlegung war, ist es erklärlich, dass die Beobachtung meine Vorhersagen bestätigte, dass die objektive Wahrscheinlichkeit mit der subjektiven übereinstimmte.

Als drittes Beispiel wähle ich das folgende Problem: Eine Zahl u wird zufällig ausgewählt, n ist eine gegebene, sehr große ganze Zahl; was ist der wahrscheinliche Wert von $\sin(nu)$? Dieses Problem hat von sich aus keinen Sinn. *Wir werden vereinbaren*, dass die Wahrscheinlichkeit, dass die Zahl u zwischen a und $a + da$ *liegt,* gleich $\varphi(a)$ *da ist*; dass sie folglich proportional zur Ausdehnung des unendlich kleinen Intervalls *da ist* und gleich dieser Ausdehnung multipliziert mit einer Funktion $\varphi(a)$, *die* nur von a abhängt. Was diese Funktion betrifft, so wähle ich sie willkürlich, aber ich muss sie als stetig annehmen. Da der Wert von $\sin(nu)$ gleich bleibt, wenn u um 2π zunimmt, kann ich, ohne die Allgemeingültigkeit einzuschränken, annehmen, dass n zwischen 0 und 2π liegt und ich werde so zu der Annahme geführt, dass $\varphi(a)$ eine periodische Funktion ist, deren Periode 2π ist.

Der gesuchte Erwartungswert lässt sich leicht durch ein einfaches Integral ausdrücken, und es ist leicht zu zeigen, dass dieses Integral kleiner ist als

$(2\pi Mk) /^{nk}$

wobei Mk der größte Wert der $^{\text{k-ten}}$ Ableitung von $\varphi(u)$ ist. Wir sehen also, dass, wenn die $^{\text{k-te}}$ Ableitung endlich ist, unser Erwartungswert gegen Null tendieren wird, wenn n unbegrenzt wächst, und zwar schneller als $1/^{\text{nk-1}}$.

Der wahrscheinliche Wert von sin(nu) für sehr großes n ist also null; um diesen Wert zu definieren, brauchte ich eine Konvention; das Ergebnis bleibt aber *unabhängig von dieser Konvention das* gleiche. Ich habe mir nur geringe Einschränkungen auferlegt, indem ich annahm, dass die Funktion $\varphi(a)$ stetig und periodisch ist, und diese Annahmen sind so natürlich, dass man sich fragt, wie man ihnen entgehen könnte.

Die Untersuchung der drei vorangegangenen, in jeder Hinsicht so unterschiedlichen Beispiele hat uns bereits einerseits die Rolle dessen, was die Philosophen das Prinzip des zureichenden Grundes nennen, und andererseits die Bedeutung der Tatsache erkennen lassen, dass bestimmte Eigenschaften allen stetigen Funktionen gemeinsam sind. Die Untersuchung der Wahrscheinlichkeit in den physikalischen Wissenschaften wird uns zu demselben Ergebnis führen.

III - WAHRSCHEINLICHKEIT IN DEN PHYSIKALISCHEN WISSENSCHAFTEN.

Kommen wir nun zu den Problemen, die sich auf das beziehen, was ich oben als den zweiten Grad der Unwissenheit bezeichnet habe; das sind die Probleme, bei denen man das Gesetz kennt, aber den Anfangszustand des Systems nicht kennt. Ich könnte noch mehr Beispiele anführen und möchte nur eines herausgreifen: Wie sieht die wahrscheinliche aktuelle Verteilung der Kleinplaneten im Tierkreis aus?

Wir wissen, dass sie den Keplerschen Gesetzen gehorchen; wir können sogar, ohne etwas an der Natur des Problems zu ändern, annehmen, dass ihre Bahnen alle kreisförmig sind und in einer Ebene liegen, und wir wissen es. Im Gegensatz dazu wissen wir absolut nicht, wie ihre ursprüngliche Verteilung aussah. Wir zögern jedoch nicht zu behaupten, dass diese Verteilung heute in etwa gleichmäßig ist. Warum ist das so?

Sei b die Länge eines kleinen Planeten in der Anfangszeit, d. h. in der Epoche Null; sei a seine mittlere Bewegung; seine Länge in der gegenwärtigen Zeit, d. h. in der Epoche t, wird $at + b$ *sein*. Zu sagen, dass die gegenwärtige Verteilung gleichförmig ist, bedeutet zu sagen, dass der

Mittelwert der Sinus- und Kosinuswerte der Vielfachen von $at + b$ null ist. Warum behaupten wir das?

Stellen wir jeden kleinen Planeten durch einen Punkt in einer Ebene dar, nämlich durch den Punkt, dessen Koordinaten genau a und b sind. Alle diese repräsentativen Punkte befinden sich in einem bestimmten Bereich der Ebene, aber da sie sehr zahlreich sind, scheint dieser Bereich mit Punkten übersät zu sein. Wir wissen nichts über die Verteilung dieser Punkte.

Was macht man, wenn man die Wahrscheinlichkeitsrechnung auf eine ähnliche Frage anwenden will? Wie hoch ist die Wahrscheinlichkeit, dass sich ein oder mehrere repräsentative Punkte in einem bestimmten Teil der Ebene befinden? In unserer Unwissenheit sind wir darauf beschränkt, eine willkürliche Annahme zu treffen. Um die Natur dieser Annahme zu verdeutlichen, möchte ich anstelle einer mathematischen Formel ein grobes, aber konkretes Bild verwenden. Stellen wir uns vor, dass auf der Oberfläche unserer Ebene eine fiktive Materie verteilt wurde, deren Dichte zwar variabel ist, sich aber kontinuierlich ändert. Wir würden uns dann darauf einigen zu sagen, dass die wahrscheinliche Anzahl der repräsentativen Punkte, die sich auf einem Teil der Ebene befinden, proportional zur Menge der fiktiven Materie ist, die sich dort befindet. Wenn wir nun zwei Regionen der Ebene mit gleicher Ausdehnung haben, dann sind die Wahrscheinlichkeiten, dass sich ein repräsentativer Punkt eines unserer kleinen Planeten in der einen oder der anderen dieser Regionen befindet, untereinander wie die durchschnittliche Dichte der fiktiven Materie in der einen und der anderen Region.

Hier haben wir also zwei Verteilungen, eine reale, in der die repräsentativen Punkte sehr zahlreich, sehr dicht, aber diskret sind, wie die Moleküle der Materie in der Atomhypothese; die andere, realitätsferne, in der unsere repräsentativen Punkte durch eine kontinuierliche fiktive Materie ersetzt werden. Letztere wissen wir, dass sie nicht real sein kann, aber unsere Unwissenheit verurteilt uns dazu, sie anzunehmen.

Wenn wir eine Vorstellung von der tatsächlichen Verteilung der repräsentativen Punkte hätten, könnten wir uns so arrangieren, dass die Dichte dieser kontinuierlichen fiktiven Materie in einer Region von einiger Ausdehnung ungefähr proportional zur Anzahl der repräsentativen Punkte oder, wenn man so will, der Atome ist, die in dieser Region enthalten sind. Selbst das ist unmöglich und unsere Unwissenheit ist so groß, dass wir gezwungen sind, die Funktion, die die Dichte unserer fiktiven Materie definiert, willkürlich zu wählen. Wir sind nur zu einer Annahme verpflichtet, der wir uns kaum entziehen können, wir nehmen an, dass diese Funktion kontinuierlich ist. Dies reicht, wie wir gleich sehen werden, aus, um eine Schlussfolgerung zuzulassen.

Was ist zum Zeitpunkt t die wahrscheinliche Verteilung der Kleinplaneten? Oder was ist der wahrscheinliche Wert des Sinus der Länge zum Zeitpunkt t, d. h. von $\sin(at + b)$? Wir haben anfangs eine willkürliche Konvention getroffen, aber wenn wir sie übernehmen, ist dieser wahrscheinliche Wert vollständig definiert. Zerlegen wir die Ebene in ihre Flächenelemente. Betrachten wir den Wert von $\sin(at + b)$ in der Mitte jedes dieser Elemente; multiplizieren wir diesen Wert mit der Fläche des Elements und mit der entsprechenden Dichte des fiktiven Materials; dann summieren wir für alle Elemente der Ebene. Diese Summe ist per Definition der gesuchte wahrscheinliche Mittelwert, der somit durch ein doppeltes Integral ausgedrückt wird.

Man könnte zunächst glauben, dass dieser Mittelwert von der Wahl der *φ-Funktion* abhängen wird, die die Dichte der fiktiven Materie definiert, und dass wir, da diese *φ-Funktion* willkürlich ist, je nachdem, welche willkürliche Wahl wir treffen, einen beliebigen Mittelwert erhalten können. Dem ist aber nicht so.

Eine einfache Rechnung zeigt, dass unser Doppelintegral mit zunehmendem t sehr schnell abnimmt.

So wusste ich nicht so recht, welche Hypothese ich über die Wahrscheinlichkeit dieser oder jener Anfangsverteilung aufstellen sollte; aber egal, welche Hypothese man aufstellt, das Ergebnis wird das gleiche sein und das ist es, was mir aus der Verlegenheit hilft.

Unabhängig von der *φ-Funktion* tendiert der Mittelwert mit zunehmendem t gegen Null, und da die kleinen Planeten sicherlich eine sehr große Anzahl von Umdrehungen vollzogen haben, kann ich behaupten, dass dieser Mittelwert sehr klein ist.

Ich kann φ wählen, wie ich will, mit einer Einschränkung: Diese Funktion muss kontinuierlich sein; und tatsächlich wäre die Wahl einer diskontinuierlichen Funktion vom Standpunkt der subjektiven Wahrscheinlichkeit aus gesehen unvernünftig gewesen.

Die Schwierigkeit taucht jedoch wieder auf, wenn wir uns auf den Standpunkt der objektiven Wahrscheinlichkeit begeben; wenn wir von unserer imaginären Verteilung, bei der die fiktive Materie als kontinuierlich angenommen wurde, zur realen Verteilung übergehen, bei der unsere repräsentativen Punkte wie diskrete Atome bilden.

Der Mittelwert von $\sin(at + b)$ wird ganz einfach dargestellt durch

$1/n\ \Sigma\ \sin(at + b)$.

wobei n die Anzahl der kleinen Planeten ist. Anstelle eines Doppelintegrals über eine kontinuierliche Funktion haben wir eine Summe diskreter Terme. Und doch wird niemand ernsthaft bezweifeln, dass dieser Durchschnittswert tatsächlich sehr klein ist.

Da unsere repräsentativen Punkte sehr eng beieinander liegen, wird sich unsere diskrete Summe in der Regel nur wenig von einem Integral unterscheiden.

Ein Integral ist die Grenze, auf die eine Summe von Termen zuläuft, wenn die Anzahl dieser Terme unbegrenzt wächst. Wenn die Terme sehr zahlreich sind, wird sich die Summe nur wenig von ihrem Grenzwert, d. h. vom Integral, unterscheiden, und was ich über das Integral gesagt habe, wird auch für die Summe selbst gelten.

Es gibt jedoch einige Ausnahmefälle. Wenn man zum Beispiel für alle Kleinplaneten :

$b = (\pi/2) - at,$

würden alle Planeten zum Zeitpunkt t *zufällig den* Längengrad $\pi/2$ haben und der Mittelwert wäre natürlich gleich 1. Dazu müssten die kleinen Planeten zum Zeitpunkt 0 alle auf einer Art Spirale mit einer besonderen Form und extrem engen Windungen platziert worden sein. Jeder wird eine solche Anfangsverteilung für äußerst unwahrscheinlich halten (und selbst wenn man sie als gegeben annimmt, wäre die Verteilung zum gegenwärtigen Zeitpunkt, z. B. am [1.] Januar 1900, nicht gleichmäßig, sondern würde erst einige Jahre später wieder gleichmäßig werden).

Warum jedoch halten wir diese Anfangsverteilung für unwahrscheinlich? Dies muss erklärt werden, denn wenn wir keinen Grund hätten, diese verrückte Annahme als unwahrscheinlich abzulehnen, würde alles zusammenbrechen und wir könnten nichts mehr über die Wahrscheinlichkeit dieser oder jener aktuellen Verteilung aussagen.

Was wir anführen werden, ist wieder das Prinzip des zureichenden Grundes, auf das wir immer wieder zurückkommen müssen. Wir könnten zugeben, dass die Planeten ursprünglich ungefähr in einer geraden Linie verteilt waren; wir könnten zugeben, dass sie unregelmäßig verteilt waren;

162

aber es scheint uns, dass es keinen hinreichenden Grund dafür gibt, dass die unbekannte Ursache, die sie hervorgebracht hat, nach einer so regelmäßigen und doch so komplizierten Kurve gehandelt hat, die gerade so aussieht, als wäre sie absichtlich gewählt worden, damit die gegenwärtige Verteilung nicht gleichmäßig ist.

IV - ROT UND SCHWARZ

Die Fragen, die durch Glücksspiele wie das Roulette aufgeworfen werden, sind im Grunde ganz ähnlich wie die, die wir gerade behandelt haben.

Ein Zifferblatt ist zum Beispiel in viele gleiche Unterteilungen unterteilt, die abwechselnd rot und schwarz sind; ein Zeiger wird mit Kraft geworfen und nachdem er eine große Anzahl von Umdrehungen gemacht hat, bleibt er vor einer dieser Unterteilungen stehen. Die Wahrscheinlichkeit, dass diese Unterteilung rot ist, ist offensichtlich 1/2.

Die Nadel wird sich um einen Winkel θ drehen, der mehrere Umfänge umfasst; ich weiß nicht, wie hoch die Wahrscheinlichkeit ist, dass die Nadel mit einer solchen Kraft geworfen wird, dass dieser Winkel zwischen θ und $\theta + d\theta$ liegt; aber ich kann eine Vereinbarung treffen; ich kann annehmen, dass diese Wahrscheinlichkeit $\varphi(\theta)\, d\theta$ ist; was die Funktion $\varphi(\theta)$ angeht, so kann ich sie völlig willkürlich wählen; es gibt nichts, was mich bei meiner Wahl leiten könnte; dennoch werde ich natürlich dazu verleitet, diese Funktion als stetig anzunehmen.

Sei ε die Länge (gezählt auf dem Umfang mit Radius 1) jeder roten oder schwarzen Unterteilung.

Man muss das Integral von $\varphi(\theta)\, d\theta$ berechnen, indem man es einerseits auf alle roten Divisionen und andererseits auf alle schwarzen Divisionen ausdehnt, und die Ergebnisse vergleichen.

Betrachten wir ein 2ε-Intervall, das eine rote Division und die darauf folgende schwarze Division umfasst. Sei M und m, der größte und der kleinste Wert der Funktion $\varphi(\theta)$ in diesem Intervall. Das um die roten Teilungen erweiterte Integral wird kleiner sein als $\Sigma M\varepsilon$; das um die schwarzen Teilungen erweiterte Integral wird größer sein als $\Sigma m\varepsilon$; die Differenz wird also kleiner sein als $\Sigma(M-m)\varepsilon$. Wenn aber die Funktion φ als stetig angenommen wird; wenn andererseits das Intervall ε im Vergleich zum Gesamtwinkel, den die Nadel durchläuft, sehr klein ist, wird die

Differenz M - *m* sehr klein sein. Die Differenz der beiden Integrale wird also sehr klein sein, und die Wahrscheinlichkeit wird sehr nahe bei 1/2 liegen.

Es ist verständlich, dass ich, ohne etwas über die Funktion φ *zu* wissen, so handeln muss, als ob die Wahrscheinlichkeit 1/2 wäre. Andererseits erklärt sich, warum ich, wenn ich vom objektiven Standpunkt aus eine bestimmte Anzahl von Zügen beobachte, durch die Beobachtung ungefähr gleich viele schwarze wie rote Züge erhalte.

Alle Spieler kennen dieses objektive Gesetz, aber es verleitet sie zu einem seltsamen Fehler, der schon oft festgestellt wurde und in den sie immer wieder zurückfallen. Wenn die Rote zum Beispiel sechsmal hintereinander herausgekommen ist, setzen sie auf die Schwarze, weil sie glauben, dass sie sicher spielen; denn, so sagen sie, es ist sehr selten, dass die Rote siebenmal hintereinander herauskommt.

In Wirklichkeit ist ihre Gewinnwahrscheinlichkeit immer noch 1/2. Die Beobachtung zeigt, dass Reihen von sieben aufeinanderfolgenden Roten sehr selten sind, aber Reihen von sechs Roten gefolgt von einer Schwarzen sind ebenso selten. Sie haben die Seltenheit von Reihen von sieben Roten bemerkt; wenn sie die Seltenheit von Reihen von sechs Roten und einer Schwarzen nicht bemerkt haben, dann nur deshalb, weil solche Reihen weniger auffallen.

V - DIE WAHRSCHEINLICHKEIT VON URSACHEN

Ich komme nun zu den Problemen der Wahrscheinlichkeit von Ursachen, die für die wissenschaftliche Anwendung am wichtigsten sind. Zwei Sterne stehen beispielsweise auf der Himmelskugel sehr nahe beieinander. Ist diese scheinbare Nähe ein reiner Zufall und befinden sich die Sterne, obwohl sie sich ungefähr auf demselben Sehstrahl befinden, in sehr unterschiedlichen Entfernungen von der Erde und sind daher weit voneinander entfernt? Oder entspricht dies einer tatsächlichen Annäherung? Hierbei handelt es sich um ein Problem der Wahrscheinlichkeit von Ursachen.

Zunächst möchte ich daran erinnern, dass am Anfang aller Probleme der Wahrscheinlichkeit von Effekten, die uns bisher beschäftigt haben, immer eine mehr oder weniger gerechtfertigte Konvention stehen musste. Und

164

obwohl das Ergebnis in den meisten Fällen bis zu einem gewissen Grad unabhängig von dieser Konvention war, geschah dies nur unter bestimmten Annahmen, die es uns erlaubten, z. B. diskontinuierliche Funktionen oder bestimmte verrückte Konventionen von *vornherein* abzulehnen.

Etwas Ähnliches finden wir, wenn wir uns mit der Wahrscheinlichkeit von Ursachen beschäftigen. Ein Effekt kann entweder von Ursache A oder von Ursache B hervorgerufen werden. Der Effekt wurde gerade beobachtet; wir fragen nach der Wahrscheinlichkeit, dass er auf Ursache A zurückzuführen ist; das ist die Wahrscheinlichkeit der Ursache *a posteriori*. Ich könnte sie jedoch nicht berechnen, wenn ich nicht durch eine mehr oder weniger gerechtfertigte Konvention im Voraus wüsste, wie hoch die Wahrscheinlichkeit *a priori* ist, dass Ursache A in Aktion tritt; ich meine die Wahrscheinlichkeit dieses Ereignisses für jemanden, der den Effekt noch nicht beobachtet hat.

Um es besser zu erklären, komme ich auf das oben erwähnte Beispiel des Schachspiels zurück: Mein Gegner gibt zum ersten Mal und dreht den König; wie wahrscheinlich ist es, dass es ein Grieche ist? Die üblicherweise gelehrten Formeln ergeben 8/9, was natürlich ein sehr überraschendes Ergebnis ist. Wenn man sie genauer betrachtet, sieht man, dass man die Rechnung so macht, als hätte ich, *bevor wir uns an den Spieltisch setzten,* angenommen, dass die Wahrscheinlichkeit, dass mein Gegner nicht ehrlich ist, eins zu zwei ist. Eine absurde Annahme, denn in diesem Fall hätte ich mit Sicherheit nicht mit ihm gespielt; und das erklärt die Absurdität der Schlussfolgerung.

Die Vereinbarung über die *A-priori-Wahrscheinlichkeit* war ungerechtfertigt; deshalb hatte mich die Berechnung der *A-posteriori-Wahrscheinlichkeit* zu einem unzulässigen Ergebnis geführt. Man sieht, wie wichtig diese vorherige Vereinbarung ist; ich möchte sogar hinzufügen, dass, wenn man keine solche Vereinbarung treffen würde, das Problem der *a posteriori* Wahrscheinlichkeit keinen Sinn machen würde; man muss sie immer treffen, entweder explizit oder stillschweigend.

Kommen wir zu einem Beispiel, das eher wissenschaftlicher Natur ist. Ich möchte ein experimentelles Gesetz bestimmen; dieses Gesetz kann, wenn ich es kenne, durch eine Kurve dargestellt werden; ich mache eine Reihe von Einzelbeobachtungen; jede davon wird durch einen Punkt repräsentiert. Wenn ich diese verschiedenen Punkte erhalten habe, lege ich eine Kurve zwischen diese Punkte und bemühe mich, so wenig wie möglich von ihnen abzuweichen und dennoch eine regelmäßige Form zu bewahren, ohne eckige Punkte, ohne zu starke Biegungen und ohne plötzliche Änderungen des Krümmungsradius. Diese Kurve wird mir das wahrscheinliche Gesetz darstellen, und ich gebe zu, dass sie mir nicht nur die Werte der Funktion zwischen den beobachteten Werten vermittelt, sondern auch die beobachteten Werte selbst genauer als die direkte Beobachtung (weshalb ich die Kurve nahe an meinen Punkten und nicht durch diese selbst verlaufe).

Hierbei handelt es sich um ein Problem der Wahrscheinlichkeit von Ursachen. Die Effekte sind die Messungen, die ich aufgezeichnet habe; sie hängen von der Kombination zweier Ursachen ab: dem wahren Gesetz des Phänomens und den Fehlern der Beobachtungen. Wenn wir die Effekte kennen, müssen wir nach der Wahrscheinlichkeit suchen, dass das Phänomen einem bestimmten Gesetz folgt und dass die Beobachtungen mit einem bestimmten Fehler behaftet sind. Das wahrscheinlichste Gesetz entspricht dann der gezeichneten Kurve, und der wahrscheinlichste Fehler einer Beobachtung wird durch die Entfernung des Punktes, der dieser Kurve entspricht, dargestellt.

Aber das Problem wäre sinnlos, wenn ich mir nicht vor jeder Beobachtung eine Vorstellung davon machen würde, wie wahrscheinlich dieses oder jenes Gesetz ist und wie hoch die Wahrscheinlichkeit eines Irrtums ist, dem ich ausgesetzt bin.

Wenn meine Instrumente gut sind (und das wusste ich, bevor ich beobachtete), werde ich nicht zulassen, dass meine Kurve sehr weit von den Punkten abweicht, die die rohen Messungen darstellen. Wenn sie schlecht sind, kann ich mich etwas weiter von ihnen entfernen, um eine weniger kurvenreiche Kurve zu erhalten; ich werde mehr auf Regelmäßigkeit verzichten.

Warum versuche ich, eine Kurve ohne Kurven zu zeichnen? Weil ich *a priori glaube, dass* ein Gesetz, das durch eine stetige Funktion (oder durch eine Funktion, deren Ableitungen höherer Ordnung klein sind) dargestellt wird, wahrscheinlicher ist als ein Gesetz, das diese Bedingungen nicht erfüllt. Ohne diesen Glauben wäre das Problem, über das wir sprechen, sinnlos; Interpolation wäre unmöglich; man könnte kein Gesetz aus einer endlichen Anzahl von Beobachtungen ableiten; die Wissenschaft würde nicht existieren.

Vor fünfzig Jahren hielten Physiker ein einfaches Gesetz für wahrscheinlicher als ein kompliziertes Gesetz, wenn alle anderen Dinge gleich waren. Sie beriefen sich sogar auf dieses Prinzip, als sie Mariottes

Gesetz gegen Regnaults Experimente verteidigten. Heute haben sie diesen Glauben verleugnet, aber wie oft sind sie gezwungen, so zu handeln, als ob sie ihn beibehalten hätten! Wie dem auch sei, was von dieser Tendenz übrig bleibt, ist der Glaube an die Kontinuität, und wir haben gerade gesehen, dass, wenn dieser Glaube ebenfalls verschwinden würde, die experimentelle Wissenschaft unmöglich werden würde.

VI - DIE THEORIE DER FEHLER

So kommen wir auf die Fehlertheorie zu sprechen, die direkt mit dem Problem der Wahrscheinlichkeit der Ursachen verknüpft ist. Auch hier stellen wir *Effekte* fest, nämlich eine Reihe von uneinheitlichen Beobachtungen, und versuchen, die *Ursachen zu* erraten, die einerseits der wahre Wert der zu messenden Größe und andererseits der in jeder einzelnen Beobachtung gemachte Fehler sind. Wir müssten berechnen, wie groß die wahrscheinliche Größe jedes Fehlers im *Nachhinein ist und damit auch* der wahrscheinliche Wert der zu messenden Menge.

Aber wie ich bereits erklärt habe, kann man diese Berechnung nicht durchführen, wenn man nicht *a priori, d. h.* vor jeder Beobachtung, ein Gesetz der Wahrscheinlichkeit von Fehlern annimmt. Gibt es ein Gesetz der Fehler?

Das von allen Rechnern akzeptierte Fehlergesetz ist das Gauß'sche Gesetz, das durch eine bestimmte transzendente Kurve dargestellt wird, die als "Glockenkurve" bekannt ist.

Zunächst sollten wir uns aber an die klassische Unterscheidung zwischen systematischen und zufälligen Fehlern erinnern. Wenn wir eine Länge mit einem zu langen Metermaß messen, werden wir immer eine zu kleine Zahl finden, und es wird nichts nützen, die Messung mehrmals zu wiederholen; das ist ein systematischer Fehler. Wenn wir sie mit einem exakten Metermaß messen, können wir uns dennoch irren, aber wir werden uns mal mehr, mal weniger irren, und wenn wir den Mittelwert aus einer großen Anzahl von Messungen bilden, wird der Fehler tendenziell kleiner werden. Dies sind zufällige Fehler.

Es ist zunächst offensichtlich, dass systematische Fehler das Gauß'sche Gesetz nicht erfüllen können; aber erfüllen zufällige Fehler es? Man hat eine große Anzahl von Beweisführungen versucht; fast alle sind grobe Paralogismen. Dennoch kann man das Gaußsche Gesetz unter folgenden

Annahmen beweisen: Der begangene Fehler ist das Ergebnis einer sehr großen Anzahl von unabhängigen Teilfehlern; jeder der Teilfehler ist sehr klein und gehorcht im Übrigen einem beliebigen Wahrscheinlichkeitsgesetz, außer dass die Wahrscheinlichkeit eines positiven Fehlers dieselbe ist wie die eines gleichen Fehlers mit entgegengesetztem Vorzeichen. Es ist klar, dass diese Bedingungen oft, aber nicht immer erfüllt sein werden, und wir können den Fehlern, die sie erfüllen, den Namen "zufällig" vorbehalten.

Wir sehen, dass die Methode der kleinsten Quadrate nicht in allen Fällen legitim ist; im Allgemeinen misstrauen ihr die Physiker mehr als die Astronomen. Das liegt wahrscheinlich daran, dass die Astronomen neben den systematischen Fehlern, die sie wie die Physiker machen, auch noch mit einer äußerst wichtigen Fehlerursache zu kämpfen haben, die völlig zufällig ist: den atmosphärischen Wellen. Der Physiker ist davon überzeugt, dass eine gute Messung besser ist als viele schlechte und will vor allem die letzten systematischen Fehler durch Vorsichtsmaßnahmen beseitigen.

Was sollen wir daraus schließen? Sollten wir weiterhin die Methode der kleinsten Quadrate anwenden? Wir müssen unterscheiden: Wir haben alle systematischen Fehler, die wir vermuten konnten, eliminiert; wir wissen, dass es noch welche gibt, aber wir können sie nicht entdecken; dennoch müssen wir eine Entscheidung treffen und einen endgültigen Wert annehmen, der als der wahrscheinliche Wert angesehen wird; dafür ist es offensichtlich, dass wir am besten die Gauß-Methode anwenden können. Wir haben lediglich eine praktische Regel angewandt, die sich auf die subjektive Wahrscheinlichkeit bezieht. Es gibt nichts zu sagen.

Aber man will noch weiter gehen und behaupten, dass nicht nur der wahrscheinliche Wert soundso viel beträgt, sondern auch der wahrscheinliche Fehler, der beim Ergebnis gemacht wird, soundso viel ist. *Das ist absolut illegitim*; es wäre nur dann wahr, wenn wir sicher wären, dass alle systematischen Fehler eliminiert werden, und davon wissen wir absolut nichts. Wir haben zwei Reihen von Beobachtungen; wenn wir die Regel der kleinsten Quadrate anwenden, finden wir, dass der wahrscheinliche Fehler bei der ersten Reihe nur halb so groß ist wie bei der zweiten. Die zweite Reihe kann dennoch besser sein als die erste, weil die erste Reihe vielleicht mit einem großen systematischen Fehler behaftet ist. Wir können nur sagen, dass die erste Reihe wahrscheinlich besser ist als die zweite, da ihr zufälliger Fehler kleiner ist, und dass wir keinen Grund

168

haben zu behaupten, dass der systematische Fehler bei einer Reihe größer ist als bei der anderen, da unsere Unwissenheit diesbezüglich absolut ist.

VII - SCHLUSSFOLGERUNGEN.

In den obigen Zeilen habe ich viele Probleme aufgeworfen, ohne eines davon zu lösen. Ich bereue es jedoch nicht, dass ich sie geschrieben habe, denn vielleicht laden sie den Leser dazu ein, über diese schwierigen Fragen nachzudenken.

Wie dem auch sei, einige Punkte scheinen fest zu stehen. Um irgendeine Wahrscheinlichkeitsberechnung durchzuführen, ja sogar damit diese Berechnung einen Sinn ergibt, müssen wir als Ausgangspunkt eine Annahme oder Konvention annehmen, die immer ein gewisses Maß an Willkür beinhaltet. Bei der Wahl dieser Konvention können wir uns nur von dem Prinzip des hinreichenden Grundes leiten lassen. Leider ist dieses Prinzip sehr vage und elastisch, und in der kurzen Untersuchung, die wir gerade durchgeführt haben, haben wir gesehen, dass es viele verschiedene Formen angenommen hat. Die Form, in der wir ihm am häufigsten begegnet sind, ist der Glaube an die Kontinuität, ein Glaube, der nur schwer durch eine apodiktische Argumentation zu rechtfertigen ist, ohne den aber jede Wissenschaft unmöglich wäre. Schließlich sind die Probleme, bei denen die Wahrscheinlichkeitsrechnung mit Gewinn angewendet werden kann, diejenigen, bei denen das Ergebnis unabhängig von der zu Beginn aufgestellten Hypothese ist, vorausgesetzt, dass diese Hypothese die Bedingung der Kontinuität erfüllt.

KAPITEL XII

OPTIK UND ELEKTRIZITÄT

FRESNEL-THEORIE.

Das beste Beispiel[5], das man wählen kann, ist die Theorie des Lichts und ihre Beziehung zur Theorie der Elektrizität. Dank Fresnel ist die Optik der fortschrittlichste Teil der Physik; die sogenannte Wellentheorie bildet ein für den Geist wirklich befriedigendes Ganzes; aber man darf von ihr nicht verlangen, was sie uns nicht geben kann.

Mathematische Theorien haben nicht den Zweck, uns die wahre Natur der Dinge zu enthüllen; das wäre eine unvernünftige Behauptung. Ihr einziger Zweck ist es, die physikalischen Gesetze zu koordinieren, die wir aus der Erfahrung kennen, die wir aber ohne die Hilfe der Mathematik nicht einmal formulieren könnten.

Es ist uns egal, ob der Äther wirklich existiert, das ist Sache der Metaphysiker; für uns ist entscheidend, dass alles so ist, als ob er existiert und dass diese Annahme für die Erklärung der Phänomene bequem ist. Haben wir schließlich keinen anderen Grund, an die Existenz materieller Objekte zu glauben? Auch das ist nur eine bequeme Hypothese; nur wird sie nie aufhören, bequem zu sein, während der Tag zweifellos kommen wird, an dem der Äther als nutzlos verworfen wird.

Aber genau an diesem Tag werden die Gesetze der Optik und die Gleichungen, die sie analytisch umsetzen, zumindest als erste Näherung wahr bleiben. Es wird daher immer nützlich sein, eine Lehre zu studieren, die all diese Gleichungen miteinander verbindet.

Die Wellentheorie beruht auf einer molekularen Hypothese; für die einen, die glauben, auf diese Weise die Ursache unter dem Gesetz zu entdecken, ist dies ein Vorteil; für die anderen ist es ein Grund zum Misstrauen; doch dieses Misstrauen scheint mir ebenso wenig gerechtfertigt wie die Illusion der ersteren.

Diese Annahmen spielen nur eine untergeordnete Rolle. Man könnte sie opfern; das tut man normalerweise nicht, weil die Darstellung dadurch an Klarheit verlieren würde, aber das ist der einzige Grund.

Bei genauerem Hinsehen würde man nämlich feststellen, dass man von den molekularen Hypothesen nur zwei Dinge übernimmt: den Grundsatz der Energieerhaltung und die lineare Form der Gleichungen, die das allgemeine Gesetz für kleine Bewegungen wie auch für alle kleinen Variationen ist.

Das erklärt, warum die meisten Schlussfolgerungen Fresnels unverändert bestehen bleiben, wenn man die elektromagnetische Theorie des Lichts annimmt.

MAXWELLS THEORIE

Es war bekanntlich Maxwell, der zwei bis dahin einander völlig fremde Teile der Physik, die Optik und die Elektrizität, durch eine enge Verbindung miteinander verknüpfte. Indem sie auf diese Weise in ein größeres Ganzes, in eine höhere Harmonie überging, hörte Fresnels Optik nicht auf, lebendig zu sein. Ihre verschiedenen Teile bestehen weiter, und ihre Beziehungen untereinander sind immer noch dieselben. Andererseits hat uns Maxwell andere, bis dahin ungeahnte Beziehungen zwischen den verschiedenen Teilen der Optik und dem Bereich der Elektrizität enthüllt.

Wenn ein französischer Leser Maxwells Buch zum ersten Mal aufschlägt, mischt sich zunächst ein Gefühl des Unbehagens und oft sogar des Misstrauens unter seine Bewunderung. Erst nach längerer Beschäftigung mit dem Buch und unter großen Anstrengungen legt sich dieses Gefühl. Bei einigen herausragenden Geistern bleibt es sogar immer erhalten.

Warum haben es die Ideen des englischen Gelehrten bei uns so schwer, sich zu akklimatisieren? Die meisten aufgeklärten Franzosen werden so erzogen, dass sie Genauigkeit und Logik vor allen anderen Eigenschaften schätzen.

Die alten Theorien der mathematischen Physik gaben uns in dieser Hinsicht völlige Befriedigung. Alle unsere Lehrer, von Laplace bis Cauchy, gingen auf die gleiche Weise vor. Ausgehend von klar formulierten Hypothesen leiteten sie alle Konsequenzen mit mathematischer Strenge ab und verglichen sie anschließend mit der

Erfahrung. Es scheint, als wollten sie jedem Zweig der Physik die gleiche Präzision verleihen wie der Himmelsmechanik.

Für einen Geist, der daran gewöhnt ist, solche Modelle zu bewundern, ist eine Theorie schwerlich zufriedenstellend. Er wird nicht nur nicht den geringsten Anschein von Widersprüchen dulden, sondern auch verlangen, dass die verschiedenen Teile logisch miteinander verbunden sind und dass die Anzahl der verschiedenen Hypothesen auf ein Minimum reduziert wird.

Das ist noch nicht alles, er wird noch andere Forderungen stellen, die mir weniger vernünftig erscheinen. Hinter der Materie, die unsere Sinne erreichen und die uns die Erfahrung bekannt macht, möchte er eine andere Materie sehen, die in seinen Augen die einzig wahre ist, die nur noch rein geometrische Eigenschaften hat und deren Atome nur noch mathematische Punkte sind, die nur den Gesetzen der Dynamik unterworfen sind. Und doch wird er diese unsichtbaren und farblosen Atome durch einen unbewussten Widerspruch versuchen, sie sich vorzustellen und sie folglich so nah wie möglich an die vulgäre Materie heranzubringen.

Nur dann ist er vollkommen zufrieden und bildet sich ein, in das Geheimnis des Universums eingedrungen zu sein. Wenn diese Befriedigung trügerisch ist, ist es nicht weniger schmerzhaft, sie aufzugeben.

So erwartet ein Franzose, wenn er Maxwell aufschlägt, darin ein theoretisches Gebilde zu finden, das so logisch und präzise ist wie die physikalische Optik, die auf der Annahme des Äthers beruht; er bereitet sich also eine Enttäuschung vor, die ich dem Leser ersparen möchte, indem ich ihn gleich darauf hinweise, was er in Maxwell suchen soll und was er nicht finden kann.

Maxwell liefert keine mechanische Erklärung für Elektrizität und Magnetismus; er zeigt lediglich, dass eine solche Erklärung möglich ist.

Er zeigt auch, dass optische Phänomene nur ein Spezialfall der elektromagnetischen Phänomene sind. Aus jeder Theorie der Elektrizität wird man daher sofort eine Theorie des Lichts ableiten können.

Die Umkehrung ist leider nicht wahr; aus einer vollständigen Erklärung des Lichts lässt sich nicht immer leicht eine vollständige Erklärung der elektrischen Phänomene ableiten. Dies ist insbesondere nicht einfach, wenn man von Fresnels Theorie ausgehen will; es wäre zweifellos nicht unmöglich; aber dennoch kommt man nicht umhin, sich zu fragen, ob man nicht gezwungen sein wird, auf bewundernswerte Ergebnisse zu verzichten, die man für endgültig gesichert hielt. Das scheint ein Rückschritt zu sein; und viele gute Geister wollen sich damit nicht abfinden.

Der englische Gelehrte versucht nicht, ein einziges, endgültiges und wohlgeordnetes Gebäude zu errichten, sondern scheint vielmehr eine große Anzahl von provisorischen und unabhängigen Bauten zu errichten, zwischen denen die Kommunikation schwierig und manchmal unmöglich ist.

Nehmen wir als Beispiel das Kapitel, in dem die elektrostatischen Anziehungen durch Druck und Spannung erklärt werden, die im dielektrischen Medium herrschen sollen. Dieses Kapitel könnte weggelassen werden, ohne dass der Rest des Bandes weniger klar und vollständig würde, und andererseits enthält es eine Theorie, die sich selbst genügt, und man könnte es verstehen, ohne auch nur eine der Zeilen davor oder danach gelesen zu haben. Aber er ist nicht nur unabhängig vom Rest des Buches; es ist auch schwierig, ihn mit den Grundgedanken des Buches in Einklang zu bringen. Maxwell versucht diese Versöhnung nicht einmal, er beschränkt sich auf die Aussage "I have not been able to make the next step, namely, to account by mechanical considerations for these stresses in the dielectric."

Dieses Beispiel reicht aus, um meine Gedanken zu verdeutlichen; ich könnte noch viele weitere anführen. Wer würde zum Beispiel beim Lesen der Seiten, die der magnetischen rotatorischen Polarisation gewidmet sind, ahnen, dass optische und magnetische Phänomene identisch sind?

Man darf sich also nicht damit brüsten, jeden Widerspruch zu vermeiden, sondern muss sich auf seine Seite schlagen. Vielleicht wäre die Lektüre Maxwells weniger suggestiv, wenn er uns nicht so viele neue und divergierende Wege eröffnet hätte.

Die Grundidee wird dadurch jedoch ein wenig verdeckt. Sie ist so gut versteckt, dass sie in den meisten populärwissenschaftlichen Büchern der einzige Punkt ist, der völlig außer Acht gelassen wird.

Ich glaube daher, dass ich, um ihre Bedeutung besser hervorzuheben, erklären muss, worin dieser Grundgedanke besteht. Dazu ist jedoch ein kurzer Exkurs notwendig.

DER MECHANISCHEN ERKLÄRUNG PHYSIKALISCHER PHÄNOMENE

Bei jedem physikalischen Phänomen gibt es eine Reihe von Parametern, die das Experiment direkt erreicht und die es zu messen erlaubt. Ich werde sie als *q-Parameter* bezeichnen.

Diese Gesetze lassen sich in der Regel in Form von Differentialgleichungen darstellen, die die Parameter q und die Zeit miteinander verknüpfen.

Was muss man tun, um eine mechanische Interpretation eines solchen Phänomens zu liefern?

Man wird versuchen, sie entweder durch die Bewegungen der gewöhnlichen Materie oder durch die Bewegungen einer oder mehrerer hypothetischer Flüssigkeiten zu erklären.

Diese Flüssigkeiten werden als aus einer sehr großen Anzahl von Einzelmolekülen m gebildet betrachtet.

Wann werden wir also sagen, dass wir eine vollständige mechanische Erklärung des Phänomens haben? Das wird der Fall sein, wenn wir die Differentialgleichungen kennen, denen die Koordinaten dieser hypothetischen Moleküle m genügen, die übrigens den Prinzipien der Dynamik entsprechen müssen, und wenn wir die Beziehungen kennen, die die Koordinaten der Moleküle m in Funktionen der Parameter q definieren, die der Erfahrung zugänglich sind.

Diese Gleichungen müssen, wie gesagt, den Grundsätzen der Dynamik und insbesondere dem Grundsatz der Erhaltung der Energie und dem Prinzip der geringsten Wirkung entsprechen.

Das erste dieser beiden Prinzipien lehrt uns, dass die Gesamtenergie konstant ist und dass sich diese Energie in zwei Teile aufteilt:

1° Die kinetische Energie oder lebendige Kraft, die von den Massen der hypothetischen Moleküle m und ihren Geschwindigkeiten abhängt und die ich T nennen werde;

2° Und die potenzielle Energie, die nur von den Koordinaten dieser Moleküle abhängt und die ich U nennen werde.

Es ist die *Summe* der beiden Energien T und U, die konstant ist.

Was lehrt uns nun das Prinzip der geringsten Aktion? Es lehrt uns, dass das System, um von seiner Ausgangssituation zum Zeitpunkt t_0 zu seiner Endsituation zum Zeitpunkt t_1 zu gelangen, einen solchen Weg einschlagen muss, dass in der Zeitspanne zwischen den beiden Zeitpunkten t_0 und t_1 der Durchschnittswert der "Aktion" (d. h. der *Differenz zwischen den* beiden Energien T und U) so klein wie möglich ist. Das erste der beiden Prinzipien ist übrigens eine Folge des zweiten.

Wenn man die beiden Funktionen T und U kennt, reicht dieses Prinzip aus, um die Bewegungsgleichungen zu bestimmen.

Unter allen Wegen, die von einer Situation in eine andere führen, gibt es offensichtlich einen, bei dem der Durchschnittswert der Aktion kleiner ist als bei allen anderen. Es gibt übrigens nur einen, und daraus folgt, dass das Prinzip der geringsten Wirkung ausreicht, um den eingeschlagenen Weg und damit die Bewegungsgleichungen zu bestimmen.

Auf diese Weise erhält man die sogenannten Lagrange-Gleichungen. In diesen Gleichungen sind die unabhängigen Variablen die Koordinaten der hypothetischen Moleküle m; ich nehme nun aber an, dass man die Parameter q, *die* dem Experiment direkt zugänglich sind, als Variablen nimmt.

Die beiden Teile der Energie müssen dann als Funktion der Parameter q und ihrer Ableitungen ausgedrückt werden; in dieser Form erscheinen sie dem Experimentator natürlich. Der Experimentator wird natürlich versuchen, die potenzielle Energie und die kinetische Energie mit Hilfe der Größen zu definieren, die er direkt beobachten kann[6].

Wenn dies der Fall ist, wird das System immer auf einem Weg von einer Situation in eine andere gelangen, auf dem die durchschnittliche Aktion minimal ist.

Es spielt keine Rolle, dass T und U nun mithilfe der *q-Parameter* und ihrer Ableitungen ausgedrückt werden; es spielt keine Rolle, dass wir auch mithilfe dieser Parameter die Anfangs- und Endsituationen definieren; das Prinzip der geringsten Wirkung bleibt immer wahr.

Nun gibt es auch hier von allen Wegen, die von einer Situation zu einer anderen führen, einen, bei dem die mittlere Aktion minimal ist, und es gibt nur einen. Das Prinzip der geringsten Wirkung reicht also aus, um die Differentialgleichungen zu bestimmen, die die Variationen der Parameter q definieren.

Die so erhaltenen Gleichungen sind eine andere Form der Lagrange-Gleichungen.

Um diese Gleichungen zu bilden, müssen wir weder die Beziehungen kennen, die die Parameter q mit den Koordinaten der hypothetischen Moleküle verbinden, noch die Massen dieser Moleküle oder den Ausdruck von U als Funktion der Koordinaten dieser Moleküle. Alles, was wir wissen müssen, ist der Ausdruck von U als Funktion von q und der Ausdruck von T als Funktion von q *und* deren Ableitungen, d. h. die Ausdrücke der kinetischen und potenziellen Energie als Funktionen der experimentellen Daten.

Entweder stimmen bei einer geeigneten Wahl der Funktionen T und U die Lagrange-Gleichungen, die wie oben beschrieben konstruiert wurden, mit den aus den Experimenten abgeleiteten Differentialgleichungen überein, oder es gibt keine Funktionen T und U, bei denen diese Übereinstimmung gegeben ist. In diesem letzten Fall ist es klar, dass keine mechanische Erklärung möglich ist.

Die notwendige Bedingung für eine mechanische Erklärung ist also, dass man die Funktionen T und U so wählen kann, dass sie dem Prinzip der geringsten Wirkung entsprechen, das das Prinzip der Energieerhaltung mit sich bringt.

Diese Bedingung ist übrigens *ausreichend*; nehmen wir nämlich an, dass wir eine Funktion U der Parameter q gefunden haben, die einen Teil der Energie darstellt, dass ein anderer Teil der Energie, den wir durch T darstellen, eine Funktion der q und ihrer Ableitungen ist und dass sie ein homogenes Polynom zweiten Grades in Bezug auf diese Ableitungen ist; und schließlich, dass die Lagrange-Gleichungen, die mithilfe dieser beiden Funktionen T und U gebildet werden, mit den Daten des Experiments übereinstimmen.

Was ist notwendig, um daraus eine mechanische Erklärung abzuleiten? U muss als die potenzielle Energie eines Systems und T als die Lebenskraft desselben Systems betrachtet werden können.

Keine Schwierigkeiten bei U; aber kann T als die treibende Kraft eines materiellen Systems betrachtet werden?

Es ist leicht zu zeigen, dass dies immer möglich ist, und sogar auf unendlich viele Arten. Ich möchte mich darauf beschränken, für weitere Einzelheiten auf das Vorwort zu meinem Buch: *Elektrizität und Optik zu* verweisen.

Wenn man also das Prinzip der geringsten Wirkung nicht erfüllen kann, gibt es keine mögliche mechanische Erklärung; wenn man es erfüllen kann, gibt es nicht nur eine, sondern unendlich viele, woraus folgt, dass es, sobald es eine gibt, auch unendlich viele andere gibt.

Eine weitere Beobachtung.

Von den Größen, die uns die Erfahrung direkt erreichen lässt, betrachten wir die einen als Funktionen der Koordinaten unserer hypothetischen Moleküle; diese werden unsere *q-Parameter* sein; die anderen betrachten wir nicht nur als von den Koordinaten, sondern auch von den Geschwindigkeiten abhängig, oder, was dasselbe ist, von den Ableitungen der *q-Parameter, oder* als Kombinationen dieser Parameter und ihrer Ableitungen.

Und dann stellt sich eine Frage: Welche der vielen experimentell gemessenen Größen wählen wir aus, um die *q-Parameter* darzustellen? Welche davon wollen wir lieber als Ableitungen dieser Parameter betrachten? Diese Wahl bleibt zu einem sehr großen Teil willkürlich, aber es genügt, dass wir sie so treffen können, dass wir mit dem Prinzip der geringsten Wirkung einverstanden bleiben, damit eine mechanische Erklärung möglich ist.

Und dann fragte sich Maxwell, ob er diese Wahl und die Wahl der beiden Energien T und U so treffen könnte, dass die elektrischen Phänomene diesem Prinzip genügen würden. Das Experiment zeigt uns, dass die Energie eines elektromagnetischen Feldes in zwei Teile zerfällt, die elektrostatische Energie und die elektrodynamische Energie. Maxwell erkannte, dass, wenn man erstere als Vertreter der potenziellen Energie U und letztere als Vertreter der kinetischen Energie T betrachtet; wenn andererseits die elektrostatischen Ladungen der Leiter als Parameter q und die Stromstärken als Ableitungen anderer Parameter q betrachtet werden; unter diesen Bedingungen, sage ich, erkannte Maxwell, dass die elektrischen Phänomene dem Prinzip der geringsten Wirkung genügen. Er war sich von da an der Möglichkeit einer mechanischen Erklärung sicher.

Hätte er diese Idee am Anfang seines Buches dargelegt, anstatt sie in eine Ecke des zweiten Bandes zu verbannen, wäre sie den meisten Lesern nicht entgangen.

Wenn es also für ein Phänomen eine vollständige mechanische Erklärung gibt, wird es unendlich viele andere geben, die alle durch die Erfahrung offenbarten Besonderheiten gleichermaßen gut erfassen.

In der Optik zum Beispiel glaubt Fresnel, dass die Schwingung senkrecht zur Polarisationsebene verläuft, während Newmann sie als parallel zu dieser Ebene ansieht. Man hat lange nach einem "experimentum crucis" gesucht, um zwischen diesen beiden Theorien entscheiden zu können, und man konnte es nicht finden.

Ebenso können wir, ohne den Bereich der Elektrizität zu verlassen, feststellen, dass sowohl die Theorie der zwei Flüssigkeiten als auch die Theorie der einen Flüssigkeit alle in der Elektrostatik beobachteten Gesetze gleichermaßen zufriedenstellend wiedergeben.

All diese Tatsachen lassen sich leicht erklären, dank der Eigenschaften der Lagrange-Gleichungen, an die ich gerade erinnert habe.

Es ist nun leicht zu verstehen, was Maxwells Grundidee ist.

Um die Möglichkeit einer mechanischen Erklärung der Elektrizität zu beweisen, müssen wir uns nicht darum kümmern, diese Erklärung selbst zu finden, sondern es genügt uns, den Ausdruck der beiden Funktionen T und U zu kennen, die die beiden Teile der Energie sind, mit diesen beiden Funktionen die Lagrange-Gleichungen zu bilden und diese Gleichungen anschließend mit den experimentellen Gesetzen zu vergleichen.

Wie können wir zwischen all diesen möglichen Erklärungen eine Wahl treffen, bei der uns die Hilfe der Erfahrung fehlt? Vielleicht wird der Tag kommen, an dem die Physiker das Interesse an diesen Fragen verlieren, die für positive Methoden unzugänglich sind, und sie den Metaphysikern überlassen. Dieser Tag ist noch nicht gekommen; der Mensch findet sich nicht so leicht damit ab, auf ewig den Grund der Dinge nicht zu kennen.

Unsere Wahl kann also nur von Überlegungen geleitet werden, bei denen der Anteil des persönlichen Ermessens sehr groß ist; es gibt jedoch Lösungen, die jeder wegen ihrer Skurrilität ablehnen wird, und andere, die jeder wegen ihrer Einfachheit vorziehen wird.

In Bezug auf Elektrizität und Magnetismus enthält sich Maxwell jeglicher Entscheidung. Es ist nicht so, dass er systematisch alles verschmäht, was mit positiven Methoden nicht erreicht werden kann; die Zeit, die er der kinetischen Theorie der Gase widmete, ist ein ausreichender Beweis dafür. Ich möchte hinzufügen, dass er in seinem großen Werk zwar keine vollständige Erklärung entwickelt, aber zuvor in einem Artikel im *Philosophical Magazine* versucht hatte, eine solche zu liefern. Die Seltsamkeit und Kompliziertheit der Hypothesen, die er aufstellen musste, veranlasste ihn später, davon Abstand zu nehmen.

Der gleiche Geist zieht sich durch das gesamte Werk. Das Wesentliche,
d. h. das, was allen Theorien gemeinsam bleiben muss, wird
hervorgehoben; alles, was nur für eine bestimmte Theorie geeignet wäre,
wird fast immer verschwiegen. Der Leser sieht sich so einer fast
materiefreien Form gegenüber, die er zunächst für einen flüchtigen, nicht
fassbaren Schatten zu halten versucht ist. Aber die Anstrengungen, zu
denen er auf diese Weise verurteilt wird, zwingen ihn zum Nachdenken
und er versteht schließlich, was an den theoretischen Ensembles, die er
einst bewunderte, oft ein wenig künstlich war.

KAPITEL XIII

DIE ELEKTRODYNAMIK

Die Geschichte der Elektrodynamik ist aus unserer Sicht besonders lehrreich.

Ampère nannte sein unsterbliches Werk "Théorie des phénomènes électrodynamiques, *uniquement* fondée sur l'expérience". Er stellte sich also vor, *keine* Hypothesen aufgestellt zu haben; doch er hatte welche aufgestellt, wie wir bald sehen werden.

Diejenigen, die nach ihm kamen, sahen sie stattdessen, weil ihre Aufmerksamkeit auf die Schwachpunkte von Ampères Lösung gelenkt wurde. Sie stellten neue Hypothesen auf, deren sie sich diesmal voll bewusst waren; doch wie oft mussten sie diese ändern, bevor sie zu dem heutigen klassischen System gelangten, das vielleicht noch nicht endgültig ist; das werden wir gleich sehen.

I - AMPÈRES THEORIE

Als Ampère die gegenseitige Wirkung von Strömen experimentell untersuchte, operierte er nur mit geschlossenen Strömen und konnte auch nur mit geschlossenen Strömen operieren.

Es ist nicht so, dass er die Möglichkeit von offenen Strömen leugnet. Wenn zwei Leiter mit gegensätzlicher Elektrizität geladen sind und man sie durch einen Draht miteinander verbindet, entsteht ein Strom, der von einem zum anderen fließt und so lange anhält, bis die beiden Potenziale gleich groß geworden sind. In den Vorstellungen, die zu Ampères Zeit herrschten, war dies ein offener Strom.

So betrachtete Ampère derartige Ströme, z. B. die Entladeströme von Kondensatoren, als offen, konnte sie aber nicht zum Gegenstand seiner Experimente machen, weil die Dauer zu kurz ist.

Wir können uns auch eine andere Art von offenem Strom vorstellen. Ich nehme zwei Leiter, A und B, an, die durch einen Draht AMB verbunden sind. Kleine, sich bewegende leitende Massen kommen zunächst mit dem

Leiter B in Kontakt, leihen sich von ihm eine elektrische Ladung, verlassen den Kontakt von B, setzen sich auf dem Weg BNA in Bewegung und kommen, indem sie ihre Ladung mit sich führen, mit A in Kontakt und geben ihre Ladung an sie ab, die dann auf dem Weg des Drahtes AMB zu B zurückkehrt.

Wir haben hier zwar in gewissem Sinne einen geschlossenen Stromkreis, da die Elektrizität den geschlossenen Stromkreis BNAMB beschreibt; aber die beiden Teile dieses Stroms sind sehr unterschiedlich: Im AMB-Draht bewegt sich die Elektrizität *durch* einen festen Leiter wie ein Voltaischer Strom, wobei sie einen ohmschen Widerstand überwindet und Wärme entwickelt; man sagt, sie bewegt sich durch *Leitung;* im BNA-Teil wird die Elektrizität durch einen beweglichen Leiter *transportiert;* man sagt, sie bewegt sich durch *Konvektion.*

Wenn dann der Konvektionsstrom als völlig analog zum Leitungsstrom angesehen wird, ist der BNAMB-Kreislauf geschlossen; wenn der Konvektionsstrom dagegen kein "richtiger Strom" ist und beispielsweise nicht auf die Magnete wirkt, bleibt nur der AMB-Leitungsstrom übrig, der offen ist.

Wenn man zum Beispiel die beiden Pole einer Holtz-Maschine mit einem Draht verbindet, transportiert die belastete Drehscheibe durch Konvektion Elektrizität von einem Pol zum anderen, die durch Leitung durch den Draht zum ersten Pol zurückkehrt.

Aber Ströme dieser Art sind sehr schwer mit einer nennenswerten Intensität herzustellen. Mit den Mitteln, die Ampère zur Verfügung standen, kann man sagen, dass es unmöglich war.

Zusammenfassend lässt sich sagen, dass Ampère sich die Existenz zweier Arten von offenen Strömen vorstellen konnte, aber er konnte weder mit den einen noch mit den anderen operieren, weil sie zu stark waren oder zu kurz dauerten.

Das Experiment konnte ihm also nur die Wirkung eines geschlossenen Stroms auf einen geschlossenen Strom zeigen, oder allenfalls die Wirkung eines geschlossenen Stroms auf einen Teil eines Stroms, denn man kann einen Strom durch einen *geschlossenen* Kreis laufen lassen, der aus einem beweglichen und einem festen Teil besteht. Dann kann man die Bewegungen des beweglichen Teils unter der Wirkung eines weiteren geschlossenen Stroms untersuchen.

Ampère hingegen hatte keine Möglichkeit, die Wirkung eines offenen Stroms entweder auf einen geschlossenen Strom oder auf einen anderen offenen Strom zu untersuchen.

1. *Fall von geschlossenen Strömen.* - Im Fall der gegenseitigen Wirkung von zwei geschlossenen Strömen offenbarte das Experiment Ampère bemerkenswert einfache Gesetze.

Ich erinnere hier kurz an diejenigen, die uns im Folgenden nützlich sein werden.

1° *Wenn die Stromstärke konstant gehalten wird* und die beiden Stromkreise nach beliebigen Verschiebungen und Verformungen schließlich wieder in ihre Ausgangspositionen zurückkehren, ist die Gesamtarbeit der elektrodynamischen Einwirkungen gleich null.

Mit anderen Worten: Es gibt ein *elektrodynamisches Potenzial* der beiden Schaltkreise, das proportional zum Produkt der Intensitäten ist und von der Form und der relativen Position der Schaltkreise abhängt; die Arbeit der elektrodynamischen Aktionen ist gleich der Veränderung dieses Potenzials ;

2° Die Wirkung einer geschlossenen Magnetspule ist null.

3° Die Wirkung eines Stromkreises C auf einen anderen Voltaikkreis C' hängt nur von dem "Magnetfeld" ab, das dieser Stromkreis C entwickelt. An jedem Punkt des Raumes kann man nämlich in Größe und Richtung eine bestimmte Kraft definieren, die als *Magnetkraft* bezeichnet wird und folgende Eigenschaften besitzt:

a) Die von C auf einen magnetischen Pol ausgeübte Kraft wird auf diesen Pol angewendet; sie ist gleich der magnetischen Kraft multipliziert mit der magnetischen Masse des Pols ;

b) Eine sehr kurze Magnetnadel tendiert dazu, die Richtung der Magnetkraft einzunehmen, und das Drehmoment, das sie dorthin zurückzubringen versucht, ist proportional zum Produkt aus der Magnetkraft, dem magnetischen Moment der Nadel und dem Sinus des Abweichungswinkels ;

c) Wenn sich der Stromkreis C' bewegt, ist die Arbeit der elektrodynamischen Wirkung, die C auf C' ausübt, gleich der Zunahme des "magnetischen Kraftflusses", der durch diesen Stromkreis fließt.

2. Die *Wirkung eines geschlossenen Stroms auf einen Stromabschnitt.* - Da Ampère keinen eigentlichen offenen Strom realisieren konnte, blieb ihm nur eine Möglichkeit, die Wirkung eines geschlossenen Stroms auf einen Stromabschnitt zu untersuchen.

Es bestand darin, mit einem Schaltkreis C' zu arbeiten, der aus zwei Teilen bestand, einem festen und einem beweglichen. Der bewegliche Teil war z. B. ein beweglicher Draht αβ, dessen Enden α und β an einem festen Draht entlang gleiten konnten. In einer der Positionen des beweglichen Drahtes lag das *α-Ende* auf Punkt A des festen Drahtes und das *β-Ende* auf Punkt B des festen Drahtes. Der Strom floss von α nach β, d. h. von A nach B entlang des beweglichen Drahtes, und kehrte dann von B nach A entlang des festen Drahtes zurück. *Dieser Strom war also geschlossen.*

In einer zweiten Position, in der der bewegliche Draht verrutscht war, lag das *α-Ende* auf einem anderen Punkt A' des festen Drahtes und das *β-Ende* auf einem anderen Punkt B' des festen Drahtes. Der Strom floss dann von α nach β, d. h. von A' nach B' entlang des beweglichen Drahtes, und er floss dann von B' nach B, dann von B nach A und schließlich von A nach A' zurück, immer entlang des festen Drahtes. Der Strom war also immer noch geschlossen.

Wird ein ähnlicher Stromkreis der Wirkung eines geschlossenen Stroms C ausgesetzt, so wird sich der bewegliche Teil bewegen, als ob er der Wirkung einer Kraft unterläge. Ampère *gibt zu,* dass die scheinbare Kraft, der dieser bewegliche Teil AB so unterworfen zu sein scheint und die die Wirkung von C auf den Teil αβ des Stroms darstellt, dieselbe ist, als ob αβ von einem offenen Strom durchflossen würde, der bei α und *β zum Stillstand käme,* statt von einem geschlossenen Strom, der, nachdem er bei β angekommen ist, durch den festen Teil des Stromkreises nach α zurückkehrt.

Diese Annahme mag ziemlich natürlich erscheinen und Ampère machte sie, ohne es zu merken; dennoch ist *sie nicht zwingend,* da wir später sehen werden, dass Helmholtz sie ablehnte. Auf jeden Fall ermöglichte sie Ampère, obwohl er nie einen offenen Strom realisieren konnte, Gesetze über die Wirkung eines geschlossenen Stroms auf einen offenen Strom oder sogar auf ein Element eines Stroms aufzustellen.

Die Gesetze bleiben einfach:

1° Die Kraft, die auf ein Stromelement wirkt, wird auf dieses Element ausgeübt; sie ist normal zum Element und zur Magnetkraft und proportional zu der Komponente dieser Magnetkraft, die normal zum Element ist.

2° Die Wirkung einer geschlossenen Magnetspule auf ein Stromelement bleibt null.

Aber es gibt kein elektrodynamisches Potenzial mehr, d. h. wenn ein geschlossener und ein offener Strom, deren Stromstärken konstant gehalten wurden, in ihre ursprünglichen Positionen zurückkehren, ist die Gesamtarbeit nicht null.

3. *Kontinuierliche Rotationen.* - Unter den elektrodynamischen Experimenten sind diejenigen am interessantesten, bei denen man kontinuierliche Drehungen erzielen konnte und die manchmal auch als *unipolare Induktionsexperimente* bezeichnet werden. Ein Magnet kann sich um seine Achse drehen; ein Strom fließt zunächst durch einen festen Draht, tritt z. B. über den N-Pol in den Magneten ein, durchläuft den halben Magneten, verlässt ihn über einen Gleitkontakt und fließt wieder in den festen Draht zurück.

Der Magnet beginnt dann, sich ständig zu drehen, ohne jemals eine Gleichgewichtsposition erreichen zu können. Das ist das Faraday-Experiment.

Wie ist dies möglich? Wenn wir es mit zwei unveränderlich geformten Schaltkreisen zu tun hätten, von denen einer fest C und der andere C' um eine Achse beweglich wäre, könnte letzterer niemals eine kontinuierliche Rotation annehmen; es gibt nämlich ein elektrodynamisches Potenzial; es wird also zwangsläufig eine Gleichgewichtsposition geben, und zwar die, in der dieses Potenzial maximal ist.

Kontinuierliche Rotationen sind also nur möglich, wenn der Stromkreis C' aus zwei Teilen besteht: einem festen und einem um eine Achse beweglichen, wie es im Faraday-Experiment der Fall ist. Auch hier ist es angebracht, eine Unterscheidung zu treffen. Der Übergang vom festen zum beweglichen Teil oder umgekehrt kann entweder durch einen einfachen Kontakt (derselbe Punkt des beweglichen Teils bleibt ständig in Kontakt mit demselben Punkt des festen Teils) oder durch einen gleitenden Kontakt (derselbe Punkt des beweglichen Teils kommt nacheinander mit verschiedenen Punkten des festen Teils in Kontakt) erfolgen.

Nur im zweiten Fall kann es zu einer kontinuierlichen Rotation kommen. In diesem Fall passiert Folgendes: Das System strebt zwar nach

184

einer Gleichgewichtsposition, aber wenn diese erreicht wird, bringt der gleitende Kontakt den beweglichen Teil mit einem neuen Punkt des festen Teils in Verbindung; er ändert die Verbindungen und damit die Gleichgewichtsbedingungen, sodass die Gleichgewichtsposition sozusagen vor dem System, das sie erreichen will, flieht und die Rotation unbegrenzt fortgesetzt werden kann.

Ampère gibt zu, dass die Wirkung des Stromkreises auf den beweglichen Teil von C' dieselbe ist, als ob der feste Teil von C' nicht existieren würde und der Strom, der durch den beweglichen Teil fließt, folglich offen wäre.

Er folgerte also, dass die Wirkung eines geschlossenen Stroms auf einen offenen Strom oder umgekehrt die Wirkung eines offenen Stroms auf einen geschlossenen Strom zu einer kontinuierlichen Rotation führen kann.

Diese Schlussfolgerung hängt jedoch von der eben genannten Annahme ab, die Helmholtz, wie ich bereits erwähnt habe, nicht zulässt.

4. *Gegenseitige Wirkung von zwei offenen Strömen*. - Was die gegenseitige Wirkung zweier offener Ströme und insbesondere die Wirkung zweier Stromelemente betrifft, fehlt jegliche Erfahrung. Ampère greift auf Hypothesen zurück. Er nimmt an:

1° dass die gegenseitige Wirkung von zwei Elementen auf eine Kraft reduziert wird, die entlang der Geraden, die sie verbindet, gerichtet ist ;

2° dass die Wirkung zweier geschlossener Ströme die Resultante der gegenseitigen Wirkungen ihrer verschiedenen Elemente ist, die im Übrigen die gleichen sind, als wenn diese Elemente isoliert wären.

Bemerkenswert ist, dass Ampère auch hier beide Annahmen trifft, ohne sich dessen bewusst zu sein.

Wie dem auch sei, diese beiden Annahmen reichen zusammen mit den Experimenten mit geschlossenen Strömen aus, um das Gesetz der gegenseitigen Wirkung zweier Elemente vollständig zu bestimmen.

Aber dann sind die meisten der einfachen Gesetze, die uns bei geschlossenen Strömen begegnet sind, nicht mehr wahr.

Erstens gibt es kein elektrodynamisches Potenzial; das gab es übrigens, wie wir gesehen haben, auch nicht bei einem geschlossenen Strom, der auf einen offenen Strom einwirkt.

Zweitens gibt es streng genommen keine magnetische Kraft mehr.

Und in der Tat haben wir oben von dieser Kraft drei verschiedene Definitionen gegeben:

1° durch die Wirkung, die ein magnetischer Pol erfährt ;

2° durch das Leitmoment, das die Magnetnadel ausrichtet ;

3° durch die Wirkung, die ein Stromelement erfährt.

In dem Fall, der uns jetzt beschäftigt, stimmen aber nicht nur diese drei Definitionen nicht mehr überein, sondern jede von ihnen ist bedeutungslos, und in der Tat :

1° Ein magnetischer Pol ist nicht mehr einfach einer einzigen Kraft ausgesetzt, die auf diesen Pol ausgeübt wird. Wir haben nämlich gesehen, dass die Kraft, die durch die Wirkung eines Stromelements auf einen Pol entsteht, nicht auf den Pol, sondern auf das Element ausgeübt wird; sie kann im Übrigen durch eine auf den Pol ausgeübte Kraft und durch ein Drehmoment ;

2° Das Drehmoment, das auf die Magnetnadel wirkt, ist nicht mehr nur ein einfaches Leitmoment; denn sein Moment in Bezug auf die Achse der Nadel ist nicht null. Es zerfällt in ein eigentliches Leitmoment und ein zusätzliches Moment, das dazu neigt, die kontinuierliche Rotation zu erzeugen, von der ich oben gesprochen habe;

3° Schließlich ist die Kraft, die auf ein Stromelement wirkt, nicht normal zu diesem Element.

Mit anderen Worten: Die Einheit der magnetischen Kraft ist verschwunden.

Diese Einheit besteht aus folgendem. Zwei Systeme, die die gleiche Wirkung auf einen magnetischen Pol ausüben, werden auch die gleiche Wirkung auf eine unendlich kleine Magnetnadel oder ein Stromelement ausüben, die sich am gleichen Punkt des Raumes befinden, wo dieser Pol war.

Nun, das ist wahr, wenn diese beiden Systeme nur geschlossene Ströme enthalten; es wäre laut Ampère nicht mehr wahr, wenn diese Systeme offene Ströme enthalten würden.

Es genügt zum Beispiel zu bemerken, dass, wenn ein magnetischer Pol bei A und ein Element bei B platziert wird und die Richtung des Elements auf der Verlängerung der Geraden AB liegt, dieses Element, das keine Wirkung auf diesen Pol ausübt, stattdessen eine Wirkung entweder auf eine Magnetnadel bei A oder auf ein Stromelement bei A ausüben wird.

5. *Induktion*. - Es ist bekannt, dass die Entdeckung der elektrodynamischen Induktion bald auf die unsterblichen Arbeiten von Ampère folgte.

Solange es sich nur um geschlossene Ströme handelt, gibt es keine Schwierigkeiten, und Helmholtz bemerkte sogar, dass der Grundsatz der Energieerhaltung ausreichen könnte, um die Gesetze der Induktion aus den elektrodynamischen Gesetzen von Ampère abzuleiten. Allerdings unter einer Bedingung, wie Herr Bertrand deutlich gemacht hat, nämlich dass man zusätzlich eine Reihe von Annahmen zulässt.

Dasselbe Prinzip erlaubt diese Ableitung auch bei offenen Strömen, wobei man das Ergebnis natürlich nicht der Kontrolle durch das Experiment unterwerfen kann, da man solche Ströme nicht herstellen kann.

Wenn man diese Art der Analyse auf Ampères Theorie der offenen Ströme anwenden will, kommt man zu Ergebnissen, die durchaus geeignet sind, uns zu überraschen.

Erstens lässt sich die Induktion nicht aus der Veränderung des Magnetfeldes nach der den Wissenschaftlern und Praktikern wohlbekannten Formel ableiten, und tatsächlich gibt es, wie bereits erwähnt, streng genommen kein Magnetfeld mehr.

Aber es gibt noch mehr. Wenn ein Stromkreis C der Induktion eines variablen Voltasystems S ausgesetzt ist; wenn dieses System S sich in irgendeiner Weise bewegt und verformt, wenn die Stromstärke in diesem System nach irgendeinem Gesetz variiert, aber nach diesen Variationen das System schließlich wieder in seine Ausgangssituation zurückkehrt, scheint es natürlich, anzunehmen, dass die *durchschnittliche* elektromotorische Kraft, die in Stromkreis C induziert wird, null ist.

Dies trifft zu, wenn der Stromkreis C geschlossen ist und das System S nur geschlossene Ströme enthält. Dies würde nicht mehr zutreffen, wenn wir Ampères Theorie akzeptieren, sobald es offene Ströme gibt. Somit wäre die Induktion nicht nur nicht mehr die Variation des magnetischen Kraftflusses in irgendeiner der üblichen Bedeutungen dieses Wortes, sondern sie könnte auch nicht mehr durch die Variation von irgendetwas dargestellt werden.

II - HELMHOLTZ-THEORIE

Ich betonte die Konsequenzen von Ampères Theorie und seiner Art, die Wirkung offener Ströme zu verstehen.

Es ist schwer, den paradoxen und künstlichen Charakter der Vorschläge zu verkennen, zu denen man auf diese Weise geführt wird; man wird dazu verleitet, zu denken, dass "es nicht so sein muss".

Es ist daher verständlich, dass Helmholtz nach etwas anderem suchen musste.

Helmholtz lehnte Ampères grundlegende Annahme ab, dass die gegenseitige Wirkung zweier Stromelemente auf eine Kraft reduziert werden kann, die entlang der Geraden, die sie verbindet, gerichtet ist.

Er räumt ein, dass ein Stromelement nicht einer einzigen Kraft, sondern einer Kraft und einem Drehmoment ausgesetzt ist. Dies war sogar der Grund für die berühmte Polemik von Bertrand und Helmholtz.

Helmholtz ersetzt Ampères Hypothese durch folgende: Zwei Stromelemente lassen immer ein elektrodynamisches Potential zu, das nur von ihrer Position und Orientierung abhängt, und die Arbeit der Kräfte, die sie aufeinander ausüben, ist gleich der Veränderung dieses Potentials. So kann Helmholtz ebenso wenig wie Ampère auf die Hypothese verzichten; aber zumindest tut er es nicht, ohne sie explizit zu formulieren.

Im Fall geschlossener Ströme, der als einziger dem Experiment zugänglich ist, stimmen die beiden Theorien überein: In allen anderen Fällen unterscheiden sie sich.

Erstens ist die Kraft, der der bewegliche Teil eines geschlossenen Stroms ausgesetzt zu sein scheint, nicht dieselbe, der dieser bewegliche Teil ausgesetzt wäre, wenn er isoliert wäre und einen offenen Strom bilden würde, im Gegensatz zu Ampères Annahme.

Kehren wir zu dem oben erwähnten Stromkreis C' zurück, der aus einem beweglichen Draht *αβ bestand, der* auf einem festen Draht gleitete; in dem einzigen durchführbaren Experiment ist der bewegliche Abschnitt *αβ* nicht isoliert, sondern Teil eines geschlossenen Stromkreises. Wenn er von AB nach A'B' kommt, ändert sich das gesamte elektrodynamische Potenzial aus zwei Gründen:

1° er erfährt einen ersten Anstieg, weil das Potenzial von A'B' in Bezug auf den Stromkreis C nicht dasselbe ist wie das von AB ;

2° er erfährt einen zweiten Zuwachs, weil er um die Potenziale der Elemente AA' und B'B im Verhältnis zu C erhöht werden muss.

Es ist diese *doppelte* Zunahme, die die Arbeit der Kraft darstellt, der der Anteil AB unterworfen zu sein scheint.

Wäre *αβ dagegen* isoliert, würde das Potenzial nur die erste Zunahme erfahren, und nur diese erste Zunahme würde die Arbeit der Kraft messen, die auf AB wirkt.

Zweitens kann es keine kontinuierliche Rotation ohne gleitenden Kontakt geben; und in der Tat ist dies, wie wir bei geschlossenen Strömen gesehen haben, eine unmittelbare Folge der Existenz eines elektrodynamischen Potenzials.

Wenn in Faradays Experiment der Magnet feststeht und der Teil des Stroms, der sich außerhalb des Magneten befindet, durch einen beweglichen Draht fließt, kann dieser bewegliche Teil eine kontinuierliche Drehung erfahren. Das bedeutet aber nicht, dass der Draht auch dann noch eine kontinuierliche Drehbewegung annehmen würde, wenn man den Kontakt des Drahtes mit dem Magneten unterbinden und den Draht von einem *offenen* Strom durchfließen lassen würde.

Ich habe nämlich gerade gesagt, dass ein *isoliertes* Element nicht die gleiche Wirkung hat wie ein bewegliches Element, das Teil eines geschlossenen Kreislaufs ist.

Ein weiterer Unterschied: Die Wirkung einer geschlossenen Magnetspule auf einen geschlossenen Strom ist nach dem Experiment und nach beiden Theorien null; ihre Wirkung auf einen offenen Strom wäre nach Ampère null; nach Helmholtz wäre sie nicht null.

Daraus ergibt sich eine wichtige Konsequenz. Wir haben oben drei Definitionen der magnetischen Kraft gegeben; die dritte ist hier bedeutungslos, da ein Stromelement nicht mehr einer einzigen Kraft ausgesetzt ist. Die erste hat auch keine. Was ist nämlich ein magnetischer Pol? Er ist das Ende eines undefinierten linearen Magneten. Dieser Magnet kann durch einen undefinierten Solenoid ersetzt werden. Damit die Definition der magnetischen Kraft einen Sinn ergibt, müsste die Wirkung eines offenen Stroms auf eine undefinierte Spule nur von der Position des Endes dieser Spule abhängen, d. h. die Wirkung auf eine geschlossene Spule müsste null sein. Wie wir gerade gesehen haben, ist dies jedoch nicht der Fall.

Andererseits spricht nichts dagegen, die zweite Definition zu übernehmen, die auf der Messung des Richtmoments beruht, das dazu neigt, eine Magnetnadel auszurichten.

Aber wenn man sie übernimmt, hängen weder die Induktionseffekte noch die elektrodynamischen Effekte allein von der Verteilung der Kraftlinien dieses Magnetfeldes ab.

III - SCHWIERIGKEITEN, DIE DURCH DIESE THEORIEN AUFGEWORFEN WERDEN

Die Theorie von Helmholtz ist ein Fortschritt gegenüber der von Ampère; allerdings sind damit noch lange nicht alle Schwierigkeiten ausgeräumt. In beiden hat das Wort Magnetfeld keine Bedeutung oder, wenn man ihm durch eine mehr oder weniger künstliche Konvention eine Bedeutung gibt, gelten die gewöhnlichen Gesetze, die allen Elektrikern so vertraut sind, nicht mehr; so wird die in einem Draht induzierte elektromotorische Kraft nicht mehr durch die Anzahl der Kraftlinien gemessen, auf die dieser Draht trifft.

Und unsere Abneigungen rühren nicht nur daher, dass es schwer ist, eingefahrene Sprach- und Denkgewohnheiten aufzugeben. Es gibt noch etwas anderes. Wenn wir nicht an Fernwirkungen glauben, müssen wir die elektrodynamischen Phänomene durch eine Veränderung des Milieus erklären. Genau diese Veränderung wird als Magnetfeld bezeichnet, und dann sollten die elektrodynamischen Effekte nur von diesem Feld abhängen.

All diese Schwierigkeiten ergeben sich aus der Annahme offener Ströme.

IV - MAXWELL-THEORIE

Das waren die Schwierigkeiten, die die herrschenden Theorien aufwarfen, als Maxwell erschien, der sie alle mit einem Federstrich aus der Welt schaffte. In seinen Ideen gibt es nämlich nur noch geschlossene Ströme.

Maxwell räumte ein, dass, wenn sich in einem Dielektrikum das elektrische Feld ändert, dieses Dielektrikum zum Sitz eines besonderen

Phänomens wird, das auf das Galvanometer wie ein Strom wirkt und das er *Verschiebungsstrom* nennt.

Werden nun zwei Leiter, die entgegengesetzte Ladungen tragen, durch einen Draht miteinander verbunden, so herrscht in diesem Draht während der Entladung ein offener Leitungsstrom; gleichzeitig entstehen aber im umgebenden Dielektrikum Verdrängungsströme, die diesen Leitungsstrom schließen.

Es ist bekannt, dass Maxwells Theorie zur Erklärung von optischen Phänomenen führt, die angeblich auf extrem schnelle elektrische Schwingungen zurückzuführen sind.

Damals war eine solche Vorstellung nur eine kühne Hypothese, die sich auf keine Erfahrung stützen konnte.

Nach zwanzig Jahren wurden Maxwells Ideen durch die Erfahrung bestätigt. Hertz gelang es, elektrische Schwingungssysteme zu erzeugen, die alle Eigenschaften des Lichts nachahmen und sich nur durch die Wellenlänge von ihm unterscheiden, d. h. so wie sich Violett von Rot unterscheidet. Er machte sozusagen eine Synthese des Lichts. Daraus entstand bekanntlich die drahtlose Telegrafie.

Man könnte sagen, dass Hertz Maxwells Grundidee, die Wirkung des Verschiebungsstroms auf das Galvanometer, nicht direkt bewiesen hat. Das stimmt in gewisser Weise, und was er direkt gezeigt hat, ist, dass sich die elektromagnetische Induktion nicht sofort ausbreitet, wie man glaubte, sondern mit Lichtgeschwindigkeit.

Nur anzunehmen, dass es keinen Verschiebungsstrom gibt und sich die Induktion mit Lichtgeschwindigkeit ausbreitet; oder anzunehmen, dass Verschiebungsströme Induktionseffekte hervorrufen und sich die Induktion augenblicklich ausbreitet, *ist das Gleiche.*

Das ist es, was man auf den ersten Blick nicht sieht, was aber durch eine Analyse bewiesen wird, die ich hier nicht einmal zusammenzufassen gedenke.

V - ROWLAND-ERFAHRUNGEN

Aber wie ich schon sagte, gibt es zwei Arten von offenen Leitungsströmen: Da sind zunächst die Entladeströme eines Kondensators oder eines beliebigen Leiters.

Es gibt auch Fälle, in denen elektrische Ladungen eine geschlossene Kontur beschreiben, wobei sie sich in einem Teil des Stromkreises durch Leitung und im anderen Teil durch Konvektion bewegen.

Bei den offenen Strömen der ersten Art konnte die Frage als gelöst betrachtet werden: Sie wurden durch die Verdrängungsströme geschlossen.

Bei offenen Strömen der zweiten Art schien die Lösung noch einfacher zu sein; wenn der Strom geschlossen war, konnte dies, so schien es, nur durch den Konvektionsstrom selbst geschehen. Dazu musste man nur annehmen, dass ein "Konvektionsstrom", d. h. ein sich bewegender geladener Leiter, auf das Galvanometer einwirken konnte. Es fehlte jedoch die experimentelle Bestätigung. Es schien in der Tat schwierig, eine ausreichende Intensität zu erreichen, selbst wenn man die Ladung und die Geschwindigkeit der Leiter so weit wie möglich erhöhte.

Es war Rowland, ein äußerst geschickter Experimentator, der als Erster über diese Schwierigkeiten triumphierte. Eine Scheibe erhielt eine starke elektrostatische Ladung und eine sehr hohe Rotationsgeschwindigkeit. Ein astatisches Magnetsystem, das neben der Scheibe angebracht war, erfuhr Auslenkungen.

Das Experiment wurde zweimal von Rowland durchgeführt: einmal in Berlin, einmal in Baltimore; später wurde es von Himstedt fortgesetzt. Diese Physiker glaubten sogar, verkünden zu können, dass sie quantitative Messungen durchführen konnten.

Dieses Gesetz von Rowland wurde von allen Physikern ohne Widerspruch anerkannt.

Alles schien sie zu bestätigen. Der Funke erzeugt zweifellos eine magnetische Wirkung, und scheint es nicht wahrscheinlich, dass die Funkenentladung durch Partikel verursacht wird, die von einer Elektrode abgerissen und mit ihrer Ladung auf die andere Elektrode transportiert werden? Ist das Spektrum des Funkens selbst, in dem man die Linien des Metalls der Elektrode erkennen kann, nicht ein Beweis dafür? Der Funke wäre dann ein echter Konvektionsstrom.

Andererseits wird auch angenommen, dass in einem Elektrolyten die Elektrizität von den sich bewegenden Ionen transportiert wird. Der Strom in einem Elektrolyten wäre also auch ein Konvektionsstrom; er wirkt aber auf die Magnetnadel.

Crookes führt diese Strahlen auf die Wirkung einer sehr subtilen Materie zurück, die mit negativer Elektrizität geladen ist und eine sehr hohe Geschwindigkeit aufweist; er betrachtet sie mit anderen Worten als Konvektionsströme, und seine Betrachtungsweise, die einen Moment lang umstritten war, wird heute überall übernommen. Nun werden diese Kathodenstrahlen aber durch den Magneten abgelenkt. Nach dem Prinzip von Aktion und Reaktion müssen sie ihrerseits die Magnetnadel ablenken.

Es stimmt, dass Hertz glaubte, bewiesen zu haben, dass die Kathodenstrahlen keine negative Elektrizität transportieren und dass sie nicht auf die Magnetnadel einwirken. Doch Hertz täuschte sich. Zunächst konnte Perrin die von diesen Strahlen transportierte Elektrizität, deren Existenz Hertz bestritt, sammeln; der deutsche Gelehrte scheint durch Effekte getäuscht worden zu sein, die auf die Einwirkung von Röntgenstrahlen zurückzuführen waren, die noch nicht entdeckt worden waren. Erst kürzlich wurde die Wirkung der Kathodenstrahlen auf die Magnetnadel nachgewiesen und die Ursache für Hertz' Fehler erkannt.

So wirken alle diese als Konvektionsströme betrachteten Phänomene, Funken, Elektrolytströme, Kathodenstrahlen, in gleicher Weise und gemäß dem Gesetz von Rowland auf das Galvanometer ein.

VI - LORENTZ THEORIE

Es dauerte nicht lange, bis man einen Schritt weiter ging. Nach Lorentz' Theorie wären die Leitungsströme selbst echte Konvektionsströme: Die Elektrizität bliebe unauflöslich an bestimmte materielle Teilchen, die *Elektronen,* gebunden; die Bewegung dieser Elektronen durch die Körper würde die voltaitischen Ströme erzeugen.

Die Lorentz-Theorie ist sehr attraktiv und bietet eine sehr einfache Erklärung für bestimmte Phänomene, die die alten Theorien, selbst die von Maxwell in ihrer primitiven Form, nicht zufriedenstellend erklären konnten, z. B. die Aberration des Lichts, das teilweise Mitreißen von Lichtwellen, die magnetische Polarisation, das Zeeman-Experiment.

Es gab noch einige Einwände. Die Phänomene, die in einem System auftreten, schienen von der absoluten Geschwindigkeit der Translation des Schwerpunkts dieses Systems abhängen zu müssen, was unserer Vorstellung von der Relativität des Raums widerspricht. Bei der Verteidigung von Herrn Crémieu brachte Herr Lippmann diesen Einwand in eine anschauliche Form. Nehmen wir zwei geladene Leiter an, die sich mit der gleichen Geschwindigkeit bewegen. Sie befinden sich in relativer

Ruhe; da jedoch jeder von ihnen einem Konvektionsstrom entspricht, müssen sie sich anziehen, und man könnte, indem man diese Anziehung misst, ihre absolute Geschwindigkeit messen.

Nein, antworteten die Anhänger von Lorentz; was man auf diese Weise messen würde, wäre nicht ihre absolute Geschwindigkeit, sondern ihre relative Geschwindigkeit in Bezug auf den *Äther, so dass* das Relativitätsprinzip außer Kraft gesetzt wäre. Inzwischen hat Lorentz übrigens eine subtilere, aber weitaus befriedigendere Antwort gefunden.

Wie auch immer diese letzten Einwände aussehen mögen, das Gebäude der Elektrodynamik scheint, zumindest in seinen Grundzügen, endgültig errichtet zu sein; alles präsentiert sich unter dem befriedigendsten Aspekt; die Theorien von Ampère und Helmholtz, die für offene Ströme gemacht wurden, die es nicht mehr gibt, scheinen nur noch von rein historischem Interesse zu sein.

Die Geschichte dieser Variationen wird nicht weniger lehrreich sein; sie wird uns lehren, welchen Fallen der Wissenschaftler ausgesetzt ist und wie er die Hoffnung haben kann, ihnen zu entkommen.

KAPITEL XIV

DAS ENDE DER MATERIE [7]

Eine der erstaunlichsten Entdeckungen, die Physiker in den letzten Jahren gemacht haben, ist, dass es keine Materie gibt. Beeilen wir uns zu sagen, dass diese Entdeckung noch nicht endgültig ist. Das wichtigste Attribut der Materie ist ihre Masse, ihre Trägheit. Die Masse ist das, was überall und immer konstant bleibt, das, was bestehen bleibt, wenn eine chemische Umwandlung alle sinnlichen Eigenschaften der Materie verändert hat und sie scheinbar zu einem anderen Körper gemacht hat. Wenn man also beweisen könnte, dass die Masse und die Trägheit der Materie nicht wirklich ihr gehören, dass es sich um einen geliehenen Luxus handelt, mit dem sie sich schmückt, dass diese Masse, die Konstante schlechthin, selbst veränderbar ist, dann könnte man sagen, dass die Materie nicht existiert. Und genau das ist es, was wir ankündigen.

Die Geschwindigkeiten, die wir bisher beobachten konnten, waren sehr gering, da die Himmelskörper, die alle unsere Autos weit hinter sich lassen, kaum 60 oder 100 "Kilometer" pro Sekunde zurücklegen; das Licht ist zwar 3000-mal schneller, aber es ist keine Materie, die sich bewegt, sondern eine Störung, die durch eine relativ unbewegliche Substanz hindurchgeht, wie eine Welle auf der Oberfläche des Ozeans. Alle Beobachtungen, die mit diesen niedrigen Geschwindigkeiten gemacht wurden, zeigten die Konstanz der Masse, und niemand hatte sich gefragt, ob das auch bei höheren Geschwindigkeiten noch so sein würde.

Es sind die unendlich Kleinen, die den Rekord von Merkur, dem schnellsten Planeten, gebrochen haben: Ich meine die Korpuskeln, deren Bewegungen die Kathodenstrahlen und die Radiumstrahlen erzeugen. Es ist bekannt, dass diese Strahlung durch ein regelrechtes molekulares Bombardement verursacht wird. Die Geschosse, die bei diesem Bombardement abgeschossen werden, sind mit negativer Elektrizität geladen, und man kann sich davon überzeugen, indem man diese Elektrizität in einem Faraday-Zylinder sammelt. Aufgrund ihrer Ladung werden sie sowohl von einem Magnetfeld als auch von einem elektrischen Feld abgelenkt.

Nun haben uns diese Messungen einerseits gezeigt, dass ihre Geschwindigkeit enorm ist - sie beträgt ein Zehntel bis ein Drittel der Lichtgeschwindigkeit und das Tausendfache der Planetengeschwindigkeit -, und andererseits, dass ihre Ladung im Verhältnis zu ihrer Masse sehr beträchtlich ist. Jedes sich bewegende Korpuskel stellt daher einen nennenswerten elektrischen Strom dar. Wir wissen jedoch, dass elektrische Ströme eine besondere Art von Trägheit aufweisen, die als *Selbstinduktion* bezeichnet wird. Ein einmal aufgebauter Strom tendiert dazu, sich selbst zu erhalten, und deshalb sieht man, wenn man einen Strom unterbrechen will, indem man den Leiter, durch den er fließt, durchschneidet, an der Unterbrechungsstelle einen Funken überspringen. So tendiert der Strom dazu, seine Intensität beizubehalten, so wie ein sich bewegender Körper dazu tendiert, seine Geschwindigkeit beizubehalten. Unser Kathoden-Korpuskel wird also den Ursachen, die seine Geschwindigkeit verändern könnten, aus zwei Gründen widerstehen: erstens durch seine eigentliche Trägheit und zweitens durch seine Selbstinduktion, denn jede Veränderung der Geschwindigkeit wäre gleichzeitig eine Veränderung des entsprechenden Stroms. Das Korpuskel - *das Elektron,* wie wir es nennen - hat also zwei Trägheiten: die mechanische und die elektromagnetische Trägheit.

Die Herren Abraham und Kaufmann, der eine ein Rechner, der andere ein Experimentator, haben sich zusammengetan, um den Anteil der einen und der anderen Seite zu bestimmen. Sie waren gezwungen, eine Hypothese zuzulassen; sie dachten, dass alle negativen Elektronen identisch sind, dass sie die gleiche, im Wesentlichen konstante Ladung tragen und dass die Unähnlichkeiten, die man zwischen ihnen feststellt, nur von den unterschiedlichen Geschwindigkeiten herrühren, mit denen sie sich bewegen. Wenn sich die Geschwindigkeit ändert, bleibt die tatsächliche Masse, die mechanische Masse, konstant, das ist sozusagen ihre Definition; aber die elektromagnetische Trägheit, die zur Bildung der scheinbaren Masse beiträgt, wächst mit der Geschwindigkeit nach einem bestimmten Gesetz. Es muss also eine Beziehung zwischen der Geschwindigkeit und dem Verhältnis von Masse und Ladung bestehen, die man, wie gesagt, berechnen kann, indem man die Ablenkungen der Strahlen unter der Wirkung eines Magneten oder eines elektrischen Feldes beobachtet; und die Untersuchung dieser Beziehung ermöglicht es, den Anteil der beiden Trägheiten zu bestimmen. Das Ergebnis ist völlig überraschend: *Die tatsächliche Masse ist null.* Zwar muss man die eingangs gemachte Annahme annehmen, aber die Übereinstimmung der theoretischen und der experimentellen Kurve ist groß genug, um diese Annahme sehr wahrscheinlich zu machen.

Diese negativen Elektronen haben also keine eigentliche Masse; wenn sie mit Trägheit ausgestattet zu sein scheinen, dann liegt das daran, dass sie ihre Geschwindigkeit nicht ändern könnten, ohne den Äther zu stören. Ihre scheinbare Trägheit ist nur geliehen, sie gehört nicht ihnen, sondern dem Äther. Aber diese negativen Elektronen sind nicht die gesamte Materie; man könnte also annehmen, dass es außer ihnen noch echte Materie gibt, die mit einer eigenen Trägheit ausgestattet ist. Es gibt bestimmte Strahlungen - wie die Kanalstrahlen von Goldstein, die *α-Strahlen* des Radiums -, die ebenfalls auf einen Regen von Projektilen zurückzuführen sind, allerdings von positiv geladenen Projektilen; sind diese positiven Elektronen ebenfalls ohne Masse? Das lässt sich nicht sagen, denn sie sind viel schwerer und viel langsamer als die negativen Elektronen. Und so bleiben zwei Hypothesen zulässig: Entweder sind die Elektronen schwerer, weil sie neben ihrer geliehenen elektromagnetischen Trägheit auch eine eigene mechanische Trägheit haben, und dann sind sie die wahre Materie; oder sie sind wie die anderen masselos, und wenn sie uns schwerer erscheinen, dann weil sie kleiner sind. Ich sage kleiner, obwohl das paradox erscheinen mag; denn in dieser Vorstellung wäre das Korpuskel nur eine Leere im Äther, die allein real ist und allein mit Trägheit begabt ist.

Bisher ist die Materie nicht allzu sehr gefährdet; wir können noch die erste Hypothese annehmen oder sogar glauben, dass es neben positiven und negativen Elektronen auch neutrale Atome gibt. Die jüngsten Forschungen von Lorentz werden uns diese letzte Ressource nehmen. Wir werden in die Bewegung der Erde hineingezogen, die sehr schnell ist; werden die optischen und elektrischen Phänomene durch diese Translation nicht verändert werden? Lange Zeit glaubte man dies und nahm an, dass die Beobachtungen je nach Ausrichtung der Geräte in Bezug auf die Erdbewegung Unterschiede zeigen würden. Dies war jedoch nicht der Fall, und auch die empfindlichsten Messungen zeigten nichts dergleichen. Und insofern rechtfertigten die Experimente eine allen Physikern gemeinsame Abneigung; hätte man nämlich etwas gefunden, hätte man nicht nur die relative Bewegung der Erde in Bezug auf die Sonne, sondern auch ihre absolute Bewegung im Äther kennen können. Nun fällt es vielen Menschen schwer zu glauben, dass irgendein Experiment etwas anderes als eine relative Bewegung ergeben könnte; sie würden eher akzeptieren, dass die Materie keine Masse hat.

Die negativen Ergebnisse waren also nicht allzu überraschend; sie widersprachen zwar den gelehrten Theorien, schmeichelten aber einem tiefen Instinkt, der allen diesen Theorien vorausging. Allerdings mussten die Theorien entsprechend abgeändert werden, um sie mit den Tatsachen in Einklang zu bringen. Fitzgerald tat dies mit einer überraschenden Hypothese: Er nahm an, dass alle Körper in der Richtung der Erdbewegung eine Kontraktion von etwa einem Hundertmillionstel erfahren. Eine perfekte Kugel wird zu einem abgeflachten Ellipsoid, und wenn man sie dreht, verformt sie sich so, dass die Nebenachse des Ellipsoids immer parallel zur Erdgeschwindigkeit bleibt. Da die Messinstrumente die gleichen Verformungen erfahren wie die zu messenden Objekte, merkt man nichts davon, es sei denn, man kommt auf die Idee, die Zeit zu bestimmen, die das Licht braucht, um die Länge des Objekts zu durchlaufen.

Diese Hypothese entspricht den beobachteten Tatsachen. Aber das reicht nicht aus. Eines Tages wird man noch genauere Beobachtungen machen; werden die Ergebnisse dieses Mal positiv sein; werden sie uns in die Lage versetzen, die absolute Bewegung der Erde zu bestimmen? Lorentz hat das nicht gedacht; er glaubt, dass diese Bestimmung immer unmöglich sein wird; der gemeinsame Instinkt aller Physiker und die bisherigen Misserfolge garantieren ihm das ausreichend. Betrachten wir also diese Unmöglichkeit als ein allgemeines Naturgesetz; nehmen wir sie als Postulat an. Welche Konsequenzen ergeben sich daraus? Das war es, was Lorentz suchte, und er fand heraus, dass alle Atome, alle positiven oder negativen Elektronen eine mit der Geschwindigkeit veränderliche Trägheit haben müssen, und zwar genau nach denselben Gesetzen. So würde jedes materielle Atom aus positiven, kleinen und schweren Elektronen und aus negativen, großen und leichten Elektronen bestehen, und wenn uns die fühlbare Materie nicht elektrisiert erscheint, so liegt das daran, dass beide Arten von Elektronen in etwa gleicher Anzahl vorhanden sind. Beide sind masselos und haben nur eine geliehene Trägheit. In diesem System gibt es keine echte Materie, sondern nur noch Löcher im Äther.

Für Langevin wäre die Materie verflüssigter Äther, der seine Eigenschaften verloren hat; wenn sich die Materie bewegt, würde nicht diese verflüssigte Masse durch den Äther wandern, sondern die Verflüssigung würde sich von einem Ort zum anderen auf neue Teile des Äthers ausdehnen, während die zuerst verflüssigten Teile zurück in ihren ursprünglichen Zustand zurückkehrten. Die Materie würde bei ihrer Bewegung nicht ihre Identität bewahren.

Das war der Stand der Dinge vor einiger Zeit, doch nun kündigt Kaufmann neue Experimente an. Das negative Elektron, das eine enorme Geschwindigkeit hat, sollte die Fitzgerald-Kontraktion erfahren und das Verhältnis zwischen Geschwindigkeit und Masse würde sich ändern, aber die jüngsten Experimente bestätigen diese Vorhersage nicht, so dass alles zusammenbrechen würde und die Materie ihr Recht auf Existenz wiedererlangen würde. Aber Experimente sind heikel, und eine endgültige Schlussfolgerung wäre heute verfrüht.

Fussnoten

1 Siehe M. Le Roy, Science and *Philosophy*. (*Revue de Métaphysique et de Moral*, 1901) 2 Mit denen, die in den speziellen Konventionen enthalten sind, die zur Definition der Addition dienen und auf die wir später noch eingehen werden.

3 *Revue de Métaphysique et de Morale, Januar 1898*.

4 Die folgenden Zeilen sind eine teilweise Wiedergabe des Vorworts zu meinem Buch *Thermodynamik*.

5 Dieses Kapitel ist eine teilweise Wiedergabe der Vorworte zweier meiner Werke: *Théorie mathématique de la lumière* (Paris, Naud, 1889) und *Électricité et Optique* (Paris, Naud, 1901) 6 Fügen wir hinzu, dass U nur von q abhängt, dass T von q und ihren Ableitungen nach der Zeit abhängt und ein homogenes Polynom zweiten Grades in Bezug auf diese Ableitungen sein wird.

7 Siehe *L'Évolution de la Matière (Die Entwicklung der Materie)* von Gustave Le Bon.

ToppBook.de